Edgar Müller, Oswald Walg
Laubarbeiten im Weinbau

Dr. Edgar Müller ist am Dienstleistungszentrum Ländlicher Raum (DLR) Rheinhessen-Nahe-Hunsrück in Bad Kreuznach in Lehre, Beratung und Versuchswesen tätig.

Oswald Walg ist ebenfalls Lehrer und Berater für Weinbau am Dienstleistungszentrum ländlicher Raum in Bad Kreuznach.

Edgar Müller, Oswald Walg

Laubarbeiten im Weinbau

107 Abbildungen
18 Tabellen

Inhaltsverzeichnis

Vorwort

„Mit Hilfe der Energie des Sonnenlichts wandelt die Pflanze Kohlendioxid und Wasser in Zucker um".

Kaum ein Schüler, der nicht im Rahmen von Prüfungen diesen Sachverhalt so oder so ähnlich beschreiben musste. Mit Recht – denn dieser so simpel klingende aber in Wirklichkeit höchst erstaunliche und unglaublich komplizierte Vorgang ist der Schlüssel des Lebens auf unserem Planeten.

Er ist auch die Grundlage der Weinbereitung – im quantitativen wie auch im qualitativen Sinne. Mit Ausnahme eines kleinen Gehalts an Mineralstoffen sind alle anderen wertgebenden Inhaltsstoffe eines Traubenmostes und des daraus entstehenden Weines Umwandlungsprodukte des bei der Photosynthese gebildeten Zuckers.

Allein diese Einsicht sollte ausreichen, dass die Kenntnis und die zielgerichtete Steuerung der Einflussfaktoren, von denen die Photosyntheseleistung und die Verwendung des Zuckers im pflanzlichen Stoffwechsels abhängt, eine der wichtigsten Qualifikationen darstellt, die von einem Winzer zu erwarten sind.

Die nicht oder nur sehr begrenzt steuerbare Einflüsse der Standort- und Witterungsbedingungen bieten Anlass zur Demut gegenüber der Natur. Güte und Menge des Ertrags werden dadurch aber nicht zu einem schicksalhaften Ereignis. Vielmehr zieht sich die Erkenntnis, im Rahmen des Laubwandmanagements Traubenbeschaffenheitsmerkmale zielgerichtet beeinflussen zu können, wie ein roter Faden durch die Ausführungen.

Aufbauend auf diesen Erkenntnissen werden im Anschluss an die Darstellung der biologischen Zusammenhängen die zu treffenden Entscheidungen und die daraus resultierenden Maßnahmen aus pflanzenbaulicher Sicht dargelegt und die arbeitswirtschaftlichen und technischen Möglichkeiten zu deren Umsetzung erörtert.

Dieses Buch richtet sich vorrangig an alle, die mit den Grundlagen des Weinbaus bereits vertraut sind. Schüler an fortführenden Fachschulen und Studierende des Weinbaus sind eine wichtige, aber nicht die alleinige Zielgruppe. Die sprachliche Darstellung und die möglichst einfach gehaltene Darlegung durchaus komplizierter Zusammenhänge macht das Buch auch für Auszubildende, Seiteneinsteiger und Hobbywinzer lesenswert. Winzern im Berufsleben erschließen sich dadurch einerseits Zusammenhänge und Erklärungen für vorhandene Erfahrungen, während sich andererseits wenig oder unbekannte Möglichkeiten zur Realisierung bestimmter Zielsetzungen neu eröffnen.

Trauben zu erzeugen ist einfach. Die gewünschten Trauben zu erzeugen, mit denen sich eine Weinvision realisieren lässt, ist eine Mischung aus Wissenschaft, Erfahrung, Fingerspitzengefühl, Intuition und Kunst. Die Autoren wünschen sich, dass dieses Buch all denen, die sich dieser faszinierenden Aufgabe stellen, eine Hilfe ist.

Im Frühjahr 2013
Edgar Müller, Oswald Walg

1 Laubwandmanagement, ein Teil der Unternehmensstrategie

Der unternehmerische Erfolg ist das vorrangige Ziel aller weinbaulichen Maßnahmen. Die Wahl eines Erziehungssystems, die Gestaltung von Laubwandstrukturen und die damit einhergehenden Laubarbeiten, in der Kombination heute oft als Laubwandmanagement bezeichnet, sind in der weinbaulichen Praxis daher zu recht stark von arbeitswirtschaftlichen und technischen Aspekten, also letztlich von Kosten- und weiteren betriebswirtschaftlichen Überlegungen geprägt.

Gerade bei dem Genussmittel Wein kann es sich jedoch aus unternehmerischer Sicht als Bumerang erweisen, wenn die Produktion zu stark von kurzfristigen oder allzu vordergründigen ökonomischen Aspekten geprägt ist und die Produktqualität darunter leidet. Auch eine teure Produktion kann rentabel sein, wenn sie ein sehr hochwertiges Produkt ermöglicht, das sich auf hohem Preisniveau vermarkten lässt.

Eine dauerhaft hohe Produktqualität lässt sich nur erzielen, wenn den biologischen Zusammenhängen des Laubwandmanagements hohe Beachtung geschenkt wird. Deren Kenntnis und die Fähigkeit, die Auswirkungen weinbaulicher Kulturmaßnahmen auf die biologischen Prozesse in der Rebe sowie auf das Umfeld der Rebe (z. B. Schadorganismen) abschätzen zu können, ist eine entscheidende Voraussetzung für die Erzeugung hochwertiger Weine.

Erfolgreich im Sinne der Produktqualität ist ein Weinbau insbesondere dann, wenn Weinqualität und -typizität als Endresultat aller weinbaulicher Bemühungen keine Zufallsergebnisse sind. Vielmehr gilt es, Ziele zu formulieren, die die Grundlage für Bewirtschaftungsstrategien bilden. Die Strategien, die zu einem unternehmerisch erfolgreichen Weinbau beitragen, können indes sehr unterschiedlich sein:

- Bei knapper Fläche und hohen Kosten für den Ankauf oder die Pacht weiterer Flächen, kann unter Beachtung der Vermarktungskontingente eine hohe Flächenproduktivität [hl/ha] ein wichtiger Erfolgsmaßstab und damit ein sinnvolles Ziel sein.
- Ist Fläche reichlich bzw. kostengünstig verfügbar, ist die Flächenproduktivität für den Betriebserfolg von nachrangiger Bedeutung. In dieser Situation ist die Arbeitsproduktivität (hl/Akh) eine wichtigere Erfolgsgröße.
- In einem Betrieb, der in der Vermarktung sehr hochwertiger Weine im Hochpreissegment seinen wirtschaftlichen Erfolg sucht, treten die Kosten für bestimmte Bewirtschaftungsmaßnahmen in den Hintergrund, wenn diese Maßnahmen zur Realisierung hochgesteckter Qualitätsziele beitragen. Schafft es ein Betriebsleiter, außergewöhnliche Qualitäten zu erzeugen und zu hohen Preisen abzusetzen, kann er höchst erfolgreich sein, obwohl Flächen- und/ oder Arbeitsproduktivität gering sind.

Diese unvollständige Auswahl strategischer Ausrichtungen macht deutlich, dass es in Weinbaubetrieben, ausgehend von den betriebsinternen Rahmenbedingungen (Topographie, Flächenstruktur und -größe,

Klima, Boden etc.) und den äußeren Rahmenbedingungen (rechtliche Einschränkungen, Vermarktungsformen und Vermarktungsumfeld etc.) sehr unterschiedliche Produktionsziele geben kann. Sie gilt es in Bewirtschaftungsstrategien umzusetzen. Dabei kann der gleiche Betrieb auf verschiedenen Flächen durchaus unterschiedliche Ziele verfolgen.

Diese Überlegungen gelten in besonderer Weise für alle Entscheidungen und Maßnahmen, die in ihrer Summe die Rebenerziehung ausmachen. Neben dem Rebschnitt und der Fruchtholzformierung kommt der Laubwandgestaltung und den damit einhergehenden Laubarbeiten dabei eine zentrale Bedeutung zu.

Aufgrund der betriebs- oder gar parzellenbezogen individuell unterschiedlichen Zielsetzungen ist eine Unterscheidung zwischen „richtigen“ und „falschen“ Laubarbeiten, zwischen empfehlenswerten und abzulehnenden Maßnahmen kaum möglich. Maßnahmen, die in einer bestimmten Situation ratsam sind, können in einer andern unsinnig sein, wenn die Zielsetzungen und Rahmenbedingungen unterschiedlicher Ausgangssituationen sich deutlich unterscheiden.

Für die Antwort auf die Frage, wie ein optimales Laubwandmanagement in einer konkreten Fläche aussieht, ist es hilfreich, das sprichwörtliche „Pferd von hinten aufzuzäumen“. Das erwünschte Resultat der Bemühungen diktiert die Auswahl und Ausgestaltung der Maßnahmen. Am Anfang aller Überlegungen steht also die Frage „wo will ich hin?“ im Sinne der Formulierung eines oder auch mehrerer Ziele. Erst wenn diese Frage beantwortet ist, stellt sich die Frage nach dem Weg, also nach der Auswahl von Bewirtschaftungsmaßnahmen und deren konkreter Umsetzung.

Potenzielle Zielsetzungen können, wie oben angedeutet, vielgestaltig sein und stehen in Abhängigkeit von Rahmenbedingungen. Ein besonders wichtiges Zielobjekt ist die qualitative Beschaffenheit des Endprodukts, des Weines. Das Laubwandmanagement bietet zahlreiche Ansatzpunkte, um auf vielfältige Traubenbeschaffenheitsmerkmale bis hin zur Sensorik und Analytik des Mostes und damit auch des Weines Einfluss auszuüben.

Ein Wein, der bestimmten Idealvorstellungen entspricht, kann das Zufallsprodukt einer glücklichen Kombination besonders günstiger Standort- und Witterungsbedingungen sein. Die Wahrscheinlichkeit, ein önologisches Wunschergebnis zu erzielen, wird jedoch deutlich gesteigert, wenn im Weinberg gezielt darauf hingearbeitet wird. Die Frage „wie soll mein Wein sein?“, ist demnach ein wichtiger Ausgangspunkt des Laubwandmanagements. Es bietet vielgestaltige Möglichkeiten, einem konkreten önologischen Ziel näher zu kommen. In diesem Buch bilden sie einen Schwerpunkt der Ausführungen.

Inwieweit ein önologisches Ziel erreicht wird, ist auch eine Frage des Ertrags. Die Ertragssteuerung spielt daher zu Recht eine zentrale Rolle im Rahmen aller weinbaulichen Bemühungen zur Qualitätssteigerung. Heute verfügt der Winzer über ein breites Repertoire an Möglichkeiten, regulierend auf den Ertrag und damit einhergehend auch auf Traubenstrukturen Einfluss zu nehmen. Untersuchungen zu diesem Themenbereich bilden einen Schwerpunkt des weinbaulichen Versuchswesens der letzten 20 Jahre. Die Gestaltung des Anschnittniveaus, die Ausdünnung von Trauben (grüne Lese), der Einsatz von Bioregulatoren oder des Traubenvollernters im Sommer mit dem Ziel der Ertragsregulierung – um nur einige Beispiele zu nennen-

sind wichtige Maßnahmen im Rahmen der oben genannten Bemühungen. In diesem Zusammenhang wird die Möglichkeit, auch im Wege des Laubwandmanagements Einfluss auf den Ertrag und Traubenstrukturen auszuüben, noch immer von manchen Winzern unterschätzt. Auch diese Thematik bildet einen Schwerpunkt dieses Buches.

Den richtigen Weg zum Ziel wird nur finden, wer mit den biologischen, insbesondere pflanzenphysiologischen Grundlagen und Zusammenhängen vertraut ist und den Rahmenbedingungen, unter denen gewirtschaftet wird, die gebührende Beachtung schenkt. Das Verständnis der biologischen Zusammenhänge bildet die Eintrittspforte zu einem zum Erfolg führenden Laubwandmanagement.

2 Laubwandmanagement, Biologische Grundlagen

Die Blattfläche ist die „Zuckerfabrik der Rebe“. Der dort im Wege der Photosynthese in Form von Glukose gebildete Zucker hat für die Pflanze und damit letztlich auch für den Wein in zweifacher Hinsicht eine herausragende Bedeutung:

- Aus dem Zucker werden im Wege zahlloser und auf vielfältigste Art und Weise miteinander vernetzter Stoffwechselschritte alle organischen Inhaltsstoffe der pflanzlichen Substanz und damit letztlich auch des Mostes und somit auch des aus ihm entstehenden Weines gebildet. Er ist der zentrale Grundbaustoff bzw. Rohstoff. Da mit Ausnahme von ca. 1 bis 2,5 g Mineralstoffen und dem Wasser selbst alle anderen wertbestimmenden Inhaltsstoffe organischer Natur sind, wird allein aus dieser Überlegung heraus die herausragende Bedeutung der Funktion des Zuckerproduzenten Rebblatt für das Endprodukt Wein ersichtlich.
- Für viele Prozesse, allen voran die Zellteilung und damit das Wachstum sämtlicher Organe, benötigt die Pflanze Energie. Neben seiner Rolle als Grundbaustoff für die Bildung wichtiger Inhaltsstoffe, dient der Zucker auch als Energiespender für energieverbrauchende Prozesse im pflanzlichen Stoffwechsel (vgl. Kap. 2.3.1).

Die Zuckerproduktion des Blattes ist somit die Grundlage für die Weinproduktion sowohl hinsichtlich der Menge wie auch der Beschaffenheit.

Die Leistungsfähigkeit einer Laub(wand)struktur im Sinne ihrer Zuckerproduktion hängt von vielfältigen Einflussfaktoren (z. B. Belichtung, Temperatur, CO_2-Gehalt der Luft, Wasserhaushalt) ab. Auch wenn der Witterung dabei eine zentrale Rolle zukommt, verbleiben dem Winzer vielfältige Möglichkeiten der Einflussnahme. Um deren Wirkungsmechanismen zu verstehen, bedarf es grundlegender Kenntnisse der Morphologie (Bau) des Blattes und der damit im Kontext stehenden physiologischen Vorgänge und Zusammenhänge.

2.1 Aufbau des Blattes

Das Blatt weist an seiner Ober- und Unterseite eine einschichtige dichte Zellschicht, die Epidermis (Außenhaut) auf.

Die Epidermis ist mit einer Wachsschicht (Kutikula) überzogen, die für Wasser zwar weitgehend aber nicht völlig undurchlässig ist. Die aktuelle Dicke und damit auch die Durchlässigkeit der Wachsschicht für verdunstendes Wasser (kutikuläre Verdunstung) hängen vom langfristigen Wasserversorgungszustand der Rebe, der Exposition der Blätter zum Licht und den in den vorausgegangenen Tagen und Wochen herrschenden Witterungsbedingungen ab. In gewissen Grenzen ist im Wege einer Verdickung der Kutikula eine mittelfristige Anpassung an die Situation des Wasserhaushalts und den daraus resultierenden Notwendigkeiten möglich (vgl. Kap. 2.2.2). Die auf der oberseitigen Epidermis aufliegende Kutikula ist aufgrund der intensiveren Bestrahlung der zur

Sonne ausgerichteten Blattoberseite dicker als die Kutikula auf der Blattunterseite.

Unter der oberen Epidermis ist das Palisadengewebe (Palisadenparenchym) angeordnet. Bei Blättern, die schattiert heranwachsen, besteht es aus einer Zellschicht, bei Blättern, die unter guten Besonnungsverhältnissen heranwachsen, auch aus 2 oder gar 3 Zellschichten. Morphologische Sonnenblätter sind im ausgewachsenen Zustand daher etwas dicker als morphologische Schattenblätter. Letztere fühlen sich beim sensiblen Betasten mit den Fingern etwas weicher und zarter an. Die Zellen des Palisadengewebes sind reich an Chloroplasten, denjenigen Zellorganellen, in denen die Photosynthese abläuft. Das Palisadengewebe ist somit für den überwiegenden Teil der Photosyntheseleistung verantwortlich. Blätter mit einem mehrschichtigen Palisadengewebe können hohe Strahlungsintensitäten sehr gut nutzen, da bei hoher Lichtintensität das Licht durch die erste Zellschicht auch noch in die zweite und dritte Zellschicht eindringt, so dass die dort befindlichen Chloroplasten mit zunehmender Lichtintensität quasi nach und nach zugeschaltet werden.

In die untere Epidermis sind die aus jeweils 2 Schließzellen bestehenden Spaltöffnungen (Stomata) eingebettet. Durch diese Öffnungen nimmt das Blatt Kohlendioxid auf, während Sauerstoff und Wasserdampf an die Außenluft abgegeben werden. Hinter der Spaltöffnung liegt die Atemhöhle. Von ihr verzweigt sich ein System von Hohlräumen (Interzellularraum) in einem lockeren Zellverband, dem Schwammgewebe (Schwammparenchym). Dieses Hohlraumsystem dient dem Transport der genannten Gase.

Alle Stomata zusammen nehmen nur etwa 1 bis 2 % der Blattfläche ein. Dennoch ist die stomatäre Wasserverdunstung wesentlich bedeutsamer als die kutikuläre Wasserverdunstung. Bei geöffneten Stomata sind sie für mehr als 99 % der Wasserabgabe verantwortlich. Allerdings kann die Rebe bei angespannter Wasserversorgungssituation ihre Stomata schließen, so dass die Bedeutung der nicht kontrollierbaren kutikulären Wasserverdunstung dann deutlich ansteigt (vgl. Kap. 2.2.2).

Ausgehend vom Blattstiel verzweigen sich im Blatt die aus Xylem (Holzteil) und Phloem (Siebteil) bestehenden Leitbündel (Blattadern). Über das Xylem erfolgt der akropetale (aufwärts gerichtete) Transport von Wasser und Nährelementen (N, P, K etc.) aus dem Boden über den Spross in alle Teile des Blattgewebes. Über das Phloem werden die Produkte der Photosynthese (Glukose wie auch daraus gebildete Fruktose und Saccharose) zu den Orten des Bedarfs (sinks) transportiert. Im Sprosssystem kann dieser Transport in Abhängigkeit von den Notwendigkeiten sowohl akropetal wie auch basipetal (nach unten gerichtet) erfolgen (vgl. Kap. 2.4).

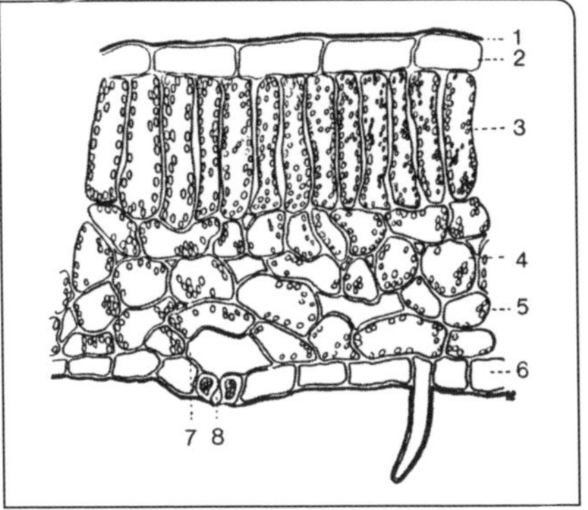

Abb. 1. Aufbau des Blattes im Querschnitt. 1 = Wachsschicht (Kutikula), 2 = obere Epidermis, 3 = Palisadengewebe, 4 = Schwammgewebe, 5 = Cloroplasten, 6 = untere Epidermis, 7 = Atemhöhle, 8 = Spaltöffnung.

2.2 Photosynthese und Assimilate

2.2.1 Ablauf der Photosynthese

Unter Nutzung von Energie des Sonnenlichts produzieren die Blätter aus den energiearmen anorganischen Ausgangssubstanzen Kohlendioxid (CO_2) und Wasser (H_2O) unter Abgabe von Sauerstoff (O_2) Assimilate in Form von energiereichem Traubenzucker (Glukose = $C_6H_{12}O_6$). Daher kann man die Blätter durchaus als „biologische Solarkollektoren" bezeichnen. Bei günstigen Einstrahlungsbedingungen wird ca. 0,5 bis 2 % der im auftreffenden Licht vorhandenen Energie in „chemische Energie" in Form von Glukose umgewandelt (z. Vgl.: Wirkungsgrad Photovoltaikmodule z. Z. ca. 5 bis 20 %).

Der Ablauf der Photosynthese ist außerordentlich kompliziert. Manche Details der Abläufe sind auch heute noch Gegenstand der Grundlagenforschung, aber der Ausblick auf eine technische Nachahmung wandelt sich langsam von der realitätsfernen Utopie zur faszinierenden Vision. Eine zentrale Rolle für die Vorgänge spielen dabei die Chloroplasten mit dem darin enthaltenen grünen Blattfarbstoff Chlorophyll. Ein Teil der Lichtenergie des Sonnenlichts, speziell Wellenlängen im blauen Bereich um 420 und noch stärker im roten Bereich um 680 nm, wird von dem grünen Blattfarbstoff „eingefangen" und verwertet und ermöglicht dann die Herstellung des energiereichen Zuckers aus den energiearmen Grundbaustoffen Kohlendioxid und Wasser.

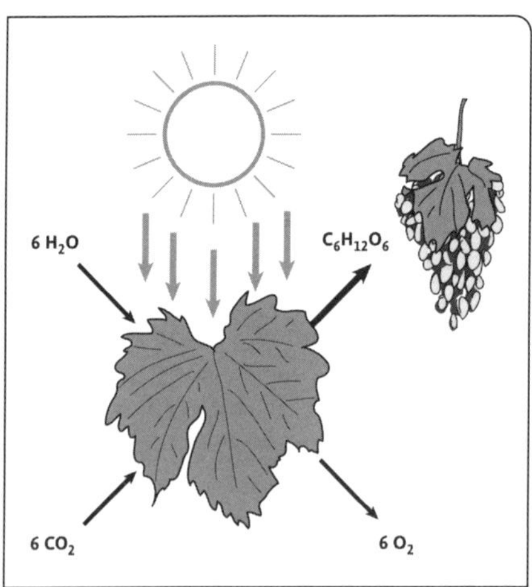

Abb. 2. Ablauf der Photosynthese.

Die technische Nachahmung der Photosynthese sowie Maßnahmen zur Optimierung der Photosyntheseleistung von Pflanzen könnten in Zukunft einen bedeutenden Beitrag für die globale Energieversorgung gewinnen. Im Bereich der Grundlagenforschung sind in den letzten Jahren wichtige Fortschritte zu verzeichnen. Die Dimension der damit einhergehenden Möglichkeiten machen folgende Vergleiche deutlich:
Die mittlere globale solare Einstrahlung auf unseren Planeten hat eine Leistung von ca. 120 000 Terrawatt. Die Leistung der global in allen zur Photosynthese befähigten Organismen (Pflanzen, Algen, einige Bakterien) stattfindenden Umwandlung von Lichtenergie in chemische Energie wird trotz des o. g. bescheiden klingenden Wirkungsgrads auf durchschnittlich ca. 125 Terrawatt geschätzt. Die durchschnittliche für die Deckung des globalen Energieverbrauchs erforderliche Leistung wird auf ca. 15 Terrawatt geschätzt. Damit liefert die Sonne in ungefähr einer Stunde so viel Energie, wie die Menschheit in einem Jahr verbraucht und die Leistung aller „grünen Kraftwerke" in den zur Photosynthese befähigten Organismen übersteigt die Leistung aller global vorhandenen Stromverbraucher, Verbrennungsmotoren und Heizungen um ca. das 8-fache.

In der Summe aller Einzelschritte ergibt sich hinsichtlich Art und Menge der umgewandelten Substanzen folgendes Ergebnis:

$6\,CO_2 + 6\,H_2O \rightarrow C_6H_{12}O_6 + 6\,O_2$
Kohlendioxid + Wasser + Lichtenergie
→ Traubenzucker + Sauerstoff

In Mol ausgedrückt ergibt sich folgende quantitative Umsetzung:

$6 \times 44\,g + 6 \times 18\,g + 2826\,kJ$
$\rightarrow 180\,g + 6 \times 32\,g$

2.2.2 Einflussfaktoren auf die Photosyntheseleistung

Mit der Steuerung der Photosyntheseleistung im Wege des Laubwandmanagements ergeben sich Möglichkeiten, den von der Zuckerversorgung der Gescheine abhängigen Blüteablauf und Blüteerfolg, die Wachstumsprozesse der jungen Beeren und damit z. B. die Beerendicken, den Kompaktheitsgrad der Trauben und letztlich auch den Ertrag zu beeinflussen. In der Reifephase kann durch Beeinflussung der Photosyntheseleistung die Zuckereinlagerung beeinflusst und damit, je nach Bedarf, der Reifefortschritt sowohl beschleunigt wie auch verlangsamt werden.

Die daraus erwachsenden vielfältigen Möglichkeiten, über die Laubarbeiten auf die Ertragsbildung sowohl quantitativ wie qualitativ Einfluss nehmen zu können, erfordert Kenntnisse über diejenigen Einflussfaktoren, von denen die Photosyntheseleistung abhängt.

a) Je mehr Licht die Rebe „einzufangen" vermag, desto höher ist ihre potenzielle Photosyntheseleistung. Da das Licht als Energielieferant für den Photosyntheseprozess dient, ist dies leicht nachvollziehbar. Der Winzer kann diesen so genannten Lichtgenuss (Lichtinterzeption) beeinflussen. Je größer die Blattfläche der Rebe und je günstiger die Stellung der Blätter zum Licht ist, desto höher ist der Lichtgenuss. Die optimale Gestaltung der Gassenbreite und Laubwandhöhe, der Rebenerziehung und

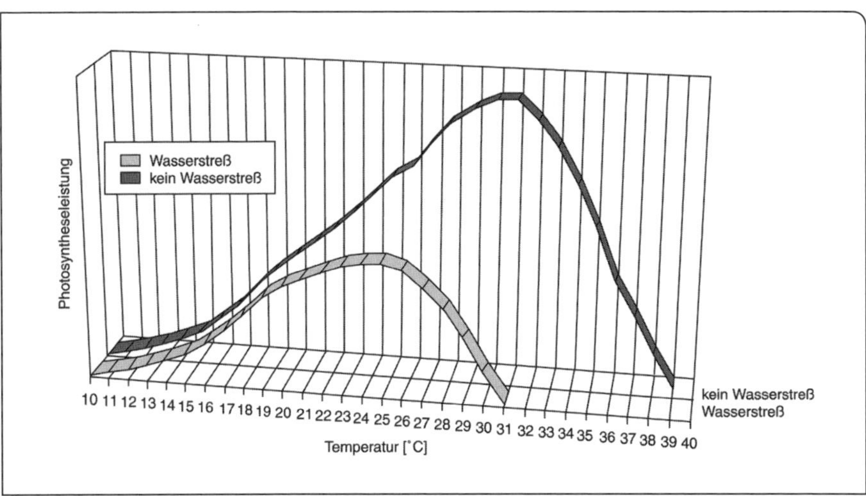

Abb. 3. Abhängigkeit der Photosyntheseleistung von Temperatur und Wasserversorgung (schematisch).

Laubwandbeschaffenheit (dichte oder lockere Laubwandstruktur) hat großen Einfluss auf den Lichtgenuss und damit auf die Photosyntheseleistung. Mit den Laubarbeiten beeinflusst der Winzer die Größe und Ausrichtung und damit die potenzielle Leistung der „biologischen Solarkollektoren".

b) Im Vergleich zu anderen bei uns angebauten Kulturpflanzen hat die Rebe recht hohe Ansprüche an die Temperatur. Im Gegensatz zur Lichtinterzeption hat der Winzer allerdings nur wenig Möglichkeiten der Einflussnahme. Prinzipiell steigt die Photosyntheseleistung mit zunehmender Temperatur, um dann nach dem Erreichen einer Optimaltemperatur wieder abzufallen. Eine fixe Optimaltemperatur lässt sich jedoch nicht angeben.

c) Die Variabilität der für die Photosynthese optimalen Temperatur steht im Zusammenhang mit dem Wasserhaushalt bzw. dem Wasserversorgungsstatus der Rebe. Konkret geht es darum, inwieweit die Pflanze in der Lage ist, die Wasserverluste als Folge der Verdunstung von Wasser an den Spaltöffnungen (stomatäre Transpiration) und über die Kutikula durch Wasseraufnahme aus dem Boden zu ersetzen, bzw. welche „Anstrengung" seitens der Pflanze notwendig ist, um die Wasserverluste zu ersetzen.
Um die Bedeutung des Wasserhaushalts für die Photosyntheseleistung verstehen zu können, bedarf es einiger Erläuterungen. Sie erklären, warum auch bei optimal erscheinenden Temperatur- und Lichtbedingungen die Photosyntheseleistung niedrig sein und warum eine kleinere Blattfläche zumindest temporär eine größere Photosyntheseleistung erbringen kann, als eine größere Blattfläche. Vor allem aber haben die Zusammenhänge auch eine große Bedeutung für die Bemessung einer sinnvollen Blattfläche in einer Anlage. Nachfolgend eine vereinfachte Darstellung der physikalischen Zusammenhänge:

Der „Motor" der Wasserverdunstung an den Spaltöffnungen ist das Energiepotenzial des Wassers (Wasserpotenzial). Stark vereinfacht ausgedrückt ist dieses Energiepotenzial umso höher, je mehr Wassermoleküle in einem bestimmten Volumen vorhanden sind. Demnach hat chemisch reines Wasser bei 4 °C das höchste Energiepotenzial, weil dies die „dichteste" Vorkommensform von Wasser darstellt. Jegliche „Verunreinigung" bzw. „Verdünnung" des Wassers durch Vermischung mit anderen Stoffen oder durch Ausdehnung (Verdampfung) senkt sein Energiepotenzial. Gasförmig in der Luft vorhandenes Wasser hat verglichen mit flüssigem Wasser ein sehr niedriges Energiepotenzial, da in einem m³ Luft nur wenige Gramm Wasser in gasförmiger Form gelöst vorkommen. Seine Dichte ist viel geringer. Dem Energiegefälle entsprechend „bewegt" sich Wasser (ähnlich einer Bergabfahrt) daher vom flüssigen Zustand (hohes Energieniveau) in den gasförmigen Zustand (niedrigeres Energieniveau). Dies ist der Grund, warum z. B. Wasser aus einer Pfütze verdunstet und (gegen die Wirkung der Schwerkraft!) aufsteigt oder warum Wäsche auf der Leine trocknet. Gäbe es diese Energieform des Wassers (für die der Mensch keine „Sensoren" hat und die er daher auch nicht bewusst wahrnehmen kann!) und das daraus resultierende Energiegefälle nicht, würde flüssiges Wasser nicht verdunsten.

Das Energiegefälle ist umso größer, je geringer die relative Luftfeuchte ist, so dass die Verdunstung bei trockener Luft besonders stark ist. Wind weht die über einer nassen Oberfläche angefeuchtete Luft weg und ersetzt sie durch trockenere Luft mit Wasser niedrigeren Energiepotenzials. Daher fördert Wind zusätzlich die Verdunstung. Gleiches gilt für Wärme, die die relative Luftfeuchte senkt. Trockene warme bewegte Luft zieht daher am stärksten Wasser an und hat daher den stärksten Ab- bzw. (im Falle der Pflanze) Austrocknungseffekt. Dies macht man sich z. B. bei einem Fön oder Wäschetrockner zunutze. Aufgrund dieser Zusammenhänge „saugt" die Atmosphäre mit ihrem sehr niedrigen Wasserpotenzial das Wasser aus der Pflanze und über das kapillare Leitbahnsystem letztlich durch die Pflanze aus dem Boden (Abb. 4).

Mit der Transpiration von Wasser über die Blätter geht eine Verringerung des Wasservorrats im Boden einher. Das im Porensystem des Bodens befindliche Wasser unterliegt dort Bindungskräften (Adsorption) zu den Bodenteilchen. Je enger die Poren sind, desto höher sind diese Kräfte und desto höher ist die „Saugkraft", die notwendig ist, um dem Boden dieses Wasser zu entziehen. Im Wege der Wasseraufnahme nehmen die Wurzeln zunächst mit geringer Saugkraft das nur schwach gebundene Wasser auf. Mit zunehmender Verarmung des Bodens an Wasser steigt die seitens der Pflanze aufzubringende Saugkraft jedoch immer weiter an, d. h. es wird für die Pflanze zunehmend schwieriger, den witterungsabhängigen Wasserverlust an den Blättern zu ersetzen. Die Verdunstung von Wasser an den Spaltöffnungen ähnelt somit einer Saugpumpe, die das Wasser durch das kapillare Leitbahnsystem der Pflanze aus dem Boden zieht. Nur mit Hilfe von Kapillarkräften ist es möglich, dass dabei die Höhendifferenzen überwunden werden, wie dies bei hohen Bäumen der Fall ist. Wäre in einem Stamm anstelle unzähliger Kapillarstränge lediglich eine dicke Röhre, könnte Wasser, je nach Temperatur und Luftdruck, nicht über eine Höhe von ca. 10 m angesaugt werden, da es andernfalls verdampfen würde.

Die Pflanze ist in der Lage, die im Kapillarsystem vorhandene Saugspannung zu

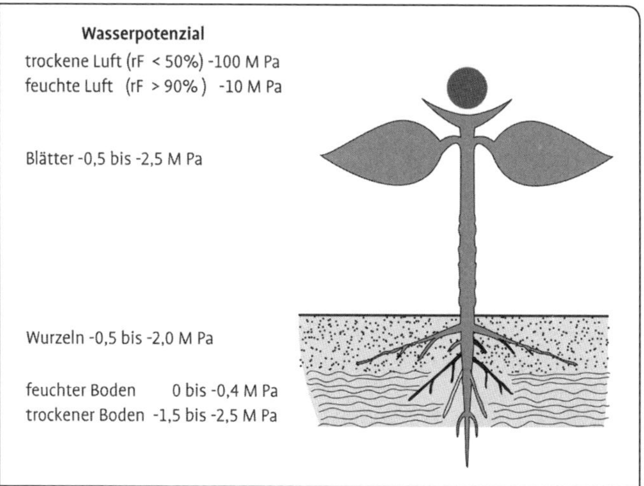

Abb. 4. Die Wasserpotentialdifferenz zwischen Boden und Atmosphäre (Durchschnittswerte) ist die treibende Kraft für den Wassertransport (1 MPa = 10 bar).

„erkennen". Zunehmende Verknappung des Wassers im Boden und/oder sehr hohe Verdunstung an den Spaltöffnungen erhöhen die Saugspannung, was gleichbedeutend ist mit zunehmender Schwierigkeit, den durch Wasserverdunstung an den Blättern entstehenden Verbrauch zu decken. Aus physikalischen Gründen sind Pflanzen nicht in der Lage, in ihrem Leitbahnsystem Saugspannungen von mehr als ca. -15 bis -20 bar (-1,5 bis – 2 MPa) zu verkraften.

Daher versucht die Pflanze, das Entstehen solch hoher Saugspannungen zu vermeiden. Da der Boden nur bei noch höheren Saugspannungen weiteres Wasser abgeben könnte und da die Verdunstung von Wasser an einer geöffneten Spaltöffnung ein physikalischer, von der Pflanze nicht beeinflussbarer Prozess ist, verbleibt als einzige aktive Reaktionsmöglichkeit die Verminderung der Wasserabgabe durch Schließen von Spaltöffnungen.

Dies ist aus Sicht des Überlebens ein höchst sinnvoller Vorgang, der sich allerdings negativ auf die Photosyntheseleistung auswirkt. An geschlossenen Spaltöffnungen ist keine CO_2-Aufnahme mehr möglich, die ja Voraussetzung für Photosynthese ist. Je mehr Spaltöffnungen geschlossen werden, desto schwächer wird die Photosyntheseleistung – auch bei vermeintlich günstigsten Belichtungs- und Temperaturbedingungen.

Diese Zusammenhänge erklären, warum die für die Photosynthese optimale Temperatur flexibel ist und vom Wasserversorgungsstatus abhängt (Abb. 3). Bei schlechtem Versorgungsstatus führen hohe Temperaturen, vor allem in Verbindung mit Wind und trockener Luft, sehr schnell zu übermäßiger Verdunstung, denen die Rebe dann mit dem Schließen von Spaltöffnungen begegnet. Die Photosyntheseleistung bricht ein. Bei kühleren Temperaturen kann sie es sich eher leisten, die Spaltöffnungen offen zu lassen. Moderate Temperaturen können dann eine höhere Leistung ermöglichen als hohe Temperaturen. Umgekehrt kann sich die Rebe auch bei hohen Temperaturen und trockener Luft den „Luxus leisten" die Spaltöffnungen offen zu lassen, wenn die hohe Wasserabgabe problemlos gedeckt werden kann, weil der Boden eine hohe Wassersättigung mit geringen Bindungskräften des Wassers aufweist. Nicht nur die Optimaltemperatur sondern auch die erreichte Photosyntheseleistung liegt dann höher.

Das Schließen der Spaltöffnungen ist zwar eine äußerst wirksame Maßnahme zur Verringerung des Wasserverbrauchs, hat aber keinen Einfluss auf die kutikuläre Wasserverdunstung, die bei anhaltender Trockenheit dann anteilig einen zunehmend höheren Stellenwert einnimmt (vgl. Kap. 2.1). Dabei handelt es sich um Wasser, das –ebenfalls ausgelöst durch die Wasserpotenzialdifferenz- den äußeren Zellverband (Epidermis) und die aufgelagerte wachsartige Kutikula von innen nach außen passiert. Im Gegensatz zur stomatären Verdunstung ist die kutikuläre Verdunstung kurzfristig von der Pflanze nicht beeinflussbar. Langfristig reagiert die Pflanze auf Wasserstress mit einer Verdickung der Kutikula und damit einer Verminderung der Wasserdurchlässigkeit. Die Verdickung der Wachsschicht ist der Grund, warum das Grün der Blätter und Trauben bei lange anhaltenden Trockenphasen einen „Grauschleier" annimmt, der auch für viele in trockenen Klimaten beheimatete Hartlaubgewächse charakteristisch ist.

d) Prinzipiell könnte man annehmen, dass die Photosyntheseleistung umso höher ist, je größer die Kollektorfläche ist, d. h. je mehr Blattfläche der Stock hat. Die Ausführungen zur Rolle des

Wassers für die Photosyntheseleistung lassen jedoch erahnen, dass die Dinge so einfach nicht sind. Mit einer größeren Blattfläche gehen eine größere Zahl an Spaltöffnungen und allein dadurch ein potenziell höherer Wasserverbrauch einher. Eine kleinere Blattfläche in einem besseren Wasserversorgungsstatus, die dadurch eine höheren Anteil offener Spaltöffnungen aufweist, kann demnach temporär durchaus eine höhere Photosyntheseleistung aufweisen als eine größere Blattfläche, die die Wasservorräte des Bodens frühzeitig erschöpft hat und dadurch einen hohen Anteil geschlossener Spaltöffnungen aufweist.

e) Für die weinbauliche Praxis sind diese Zusammenhänge von herausragender Bedeutung, denn die beschriebenen Verdunstungsprozesse sind für den überwiegenden Teil des Wasserverbrauchs einer Rebfläche verantwortlich. Ein wichtiger Indikator für die Abschätzung dieses Wasserverbrauchs ist der Blattflächenindex (LAI = leaf area index), der das Verhältnis zwischen Blattfläche und Bodenfläche beschreibt. Bei praxisüblichen Spalieranlagen im deutschen Weinbau darf man von Werten zwischen ca. 1,5 und 3 ausgehen, d. h. die Gesamtblattfläche einer Rebfläche beträgt das 1,5- bis 3-fache ihrer Bodenoberfläche.
Für die Triebzahl/Bodenfläche ist das Anschnittniveau (Augen/m²) der wichtigste Einflussfaktor. Die mittlere Blattgröße wird sehr stark von der Rebsorte und der Wuchskraft beeinflusst. Die mittlere Blattzahl pro Trieb hängt von der mittleren Internodien- und Trieblänge ab und ist somit auch ein Resultat der Drahtrahmengestaltung und des Laubwandmanagements.
Im überwiegenden Teil der deutschen Anbauregionen, eine Ausnahme bilden Teile des badischen Anbaugebietes, liegt der durchschnittliche Jahresniederschlag zwischen knapp 500 bis ca. 700 l/m², in sehr trockenen Jahren auch unter 400 l/m². Bei den genannten Blattflächenindizes ist von einem Wasserbedarf der Reben von ca. 150 bis 280 l Wasser pro m² Boden auszugehen. Dazu addieren sich der Wasserverlust über Begrünungsbewuchs (Transpiration) und die kapillare Verdunstung über die nackte Bodenoberfläche (Evaporation), in der Summe als Evaputranspiration bezeichnet.
Das Laubwandmanagement beeinflusst somit die Photosyntheseleistung nicht nur im Wege des Einflusses auf die Größe und Belichtung der Solarkollektorfläche sondern es beeinflusst die Leistung dieser Kollektoren auch über die Auswirkungen auf den Wasserhaushalt der Rebe! Eine Verringerung des Blattflächenindex durch geringeren Anschnitt und/oder kürzere Trieblängen, also eine Verringerung der vegetativen und generativen Leistung, ist eine effektive und vielfach nicht hinreichend genutzte Möglichkeit, häufigen Wasserstressproblemen zu begegnen.

Die Gesamtblattfläche auf einer bestimmten Bodenfläche ist das Produkt aus
Triebzahl/Bodenfläche
× mittlere Blattzahl/Trieb
× mittlere Blattgröße

f) Das Laubwandmanagement beeinflusst nicht nur die Blattfläche eines Rebstockes sondern ist auch von großer Bedeutung für den Lichtgenuss (Lichtinterzeption) der Blätter. Besonnte Blätter weisen, sofern sie nicht unter Wasser-

stress stehen, eine wesentlich höhere Photosyntheseleistung auf als beschattete Blätter. Andererseits geben sie aber auch deutlich mehr Wasser ab.
Bei jedem Erziehungssystem finden sich sowohl Blätter, die direkt besonnt werden, wie auch solche, die schattiert sind. Die von der Jahres- und Tageszeit abhängige Bewegung der Sonne am Himmel sorgt dafür, dass viele dieser Blätter im Laufe des Tages ihre Rolle (Sonnen- oder Schattenblatt) tauschen. Abb. 5 zeigt die Netto-Photosyntheseleistung von 4 unterschiedlich exponierten Blättern in Abhängigkeit vom Belichtungsstatus als relative Leistung (berechnet aus der ermittelten CO_2-Aufnahme pro Sekunde und m^2 Blattfläche). Daneben ergibt sich auch ein Einfluss aus Hangrichtung und Hangneigung der Fläche auf den Lichtgenuss. Im Hinblick auf die Belichtungssituation der vorhandenen Blattfläche existieren große Unterschiede zwischen Erziehungssystemen (vgl. Kap. 2.7).

g) Mit fortschreitender Vegetation werden die Altersunterschiede zwischen den jüngsten und ältesten Blättern am Stock immer größer. Neben der Exposition eines Blattes zum Licht und seiner Größe hat auch das Blattalter eine große Bedeutung für seinen Nutzen als Assimilatlieferant. Bei der Frage, wann welche Blätter im Wege von Laubarbeiten entfernt werden sollten, spielt dies eine wichtige Rolle:
Ein Blatt ist nicht nur in der Lage, über Photosynthese Zucker zu produzieren, sondern für viele Vorgänge wird auch Energie benötigt, die der Zucker im Wege der Dissimilation bzw. Atmung (vgl. Kap. 2.3) bereitstellt. In besonderer Weise ist die Zellteilung als Voraussetzung für Blattwachstum ein energie- und damit zuckerabhängiger Prozess. Erst bei einem Durchmesser ab ca. 5 cm weist ein Rebblatt Spaltöffnungen auf. Sie sind Voraussetzung für Gasaustausch und damit für Photosynthese.
Junge Blätter sind somit zunächst auf Energiezufuhr in Form von Zucker aus bereits älteren Blättern angewiesen, damit sie überhaupt wachsen

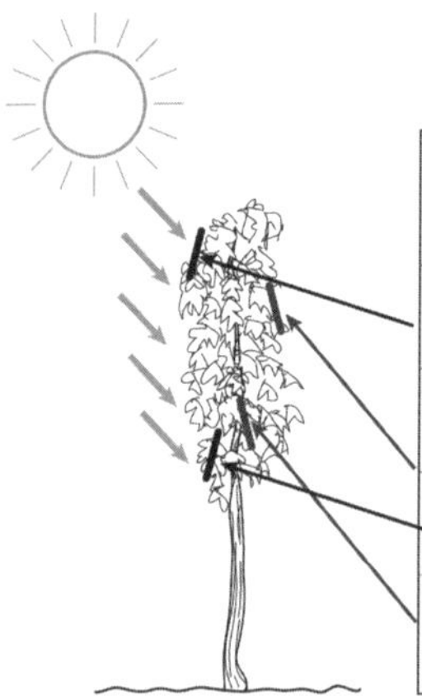

Blattposition	sonniges Wetter	leichte Bewölkung
außenliegend, Sonnenseite	14	8
außenliegend, Schattenseite	8	8
zweite Blattlage, leicht schattiert, Sonnenseite	6	0 - 2
durch mehrere Blätter überdeckt	0	< 0

Abb. 5. Relative Netto-Photosyntheseleistung unterschiedlich exponierter Blätter an einem Rebstock in Abhängigkeit vom Belichtungsstatus (modifizierte Darstellung nach SCHULTZ, R.).

können. Sie sind zunächst noch keine Assimilatlieferanten, sondern Assimilatverbraucher (vgl. Kap. 2.4). Der Zuckerverbrauch durch Dissimilation übersteigt die Zuckerproduktion durch (Brutto-)Photosynthese. Die Netto-Photosyntheseleistung als Differenz zwischen (Brutto-)Photosynthese und Dissimilation ist negativ. Sehr junge, stark wachsende Blätter konkurrieren mit den Trauben um den von älteren Blättern gebildeten Zucker. Je nach Zielsetzung kann diese Konkurrenz sowohl erwünscht wie auch unerwünscht sein. Für die Terminierung von Laubschnittmaßnahmen ist sie von herausragender Bedeutung (vgl. Kap. 3.3.1.2). Erst bei Erreichen ungefähr der halben Endgröße beginnt die Zuckerproduktion eines Blattes seinen Verbrauch zu übersteigen. Die Nettophotosynthese wird positiv, der Nettoverbraucher wird zum Nettolieferanten. Den höchsten Nutzen im Sinne der Zuckeranlieferung an andere Organe haben Blätter, die ihre Endgröße erreicht haben aber noch relativ jung sind.

Mit zunehmendem Alter gehen die Photosyntheseleistung ausgewachsener Blätter und damit ihr Nutzen als Assimilatlieferant allmählich zurück. Wie schnell und wie stark dieser Leistungsrückgang ist, hängt jedoch von mehreren Faktoren ab:

Belichtungssituation: Ein Blatt im unteren Laubwandbereich hat aufgrund häufigerer bzw. länger andauernder gegenseitiger Beschattung durch benachbarte Laubwände eine geringere Leistung als ein vergleichbares (gleichaltriges und gleichgroßes) Blatt im oberen Laubwandbereich.

Chlorophyllstatus: Der im Wege der spätsommerlichen und frühherbstlichen Seneszenzvorgänge (Seneszenz = Alterungs- und Reifungsvorgänge) stattfindende Abbau von Chlorophyll in den Blättern, der als herbstliche Verfärbung sichtbar wird, ist ein normaler Vorgang. Die Photosyntheseleistung geht dabei zurück. Eine Reihe externer Einflussfaktoren (z. B. Nährstoffmangel, Wassermangel, Befall durch Spinnmilben oder Rebzikaden,) kann den Chlorophyllabbau jedoch vorzeitig auslösen bzw. beschleunigen. In diesen Fällen

Abb. 6. Nutzen der Blätter in Abhängigkeit von Größe und Alter.

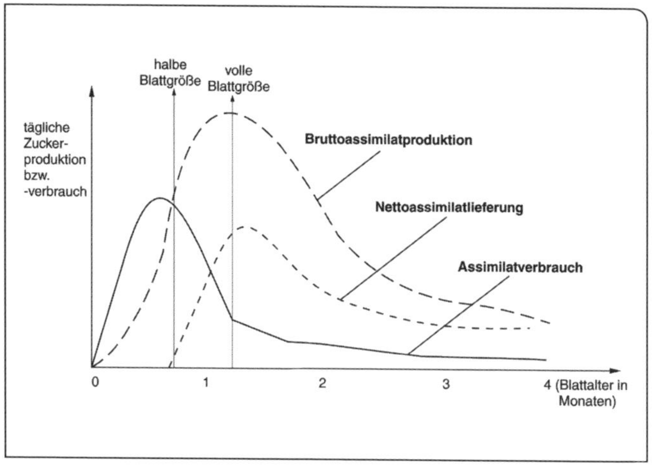

kommt es folglicherweise auch zu einem vorzeitigen Rückgang der Photosyntheseleistung.

Blatt/Frucht-Verhältnis (BFV): Ist die Blattfläche bezogen auf den Traubenbehang gering, so kann der Stock dies in gewissem Umfang kompensieren. Bei knapper Blattfläche steigt die Leistungsfähigkeit dieser Blätter (Photosyntheseleistung/cm^2 Blattfläche). Auch die Herbstverfärbung der Blätter setzt dann später ein. Beim Vergleich von Blättern an traubentragenden Trieben mit Blättern an traubenlosen Trieben zeigt sich, dass das Vorhandensein von Trauben die Leistungsfähigkeit der Blätter anregt – eine Reaktion auf den erhöhten Assimilatbedarf vorhandener Trauben. Diese komplexen Vorgänge sind sowohl endogen bedingt (von der Pflanze gesteuert), wie auch das Ergebnis exogener Wirkungen (z. B. besserer Wasserversorgungsstatus aufgrund des bei knappem BFV geringeren Verbrauchs).

2.2.3 Bedeutung der Photosyntheseleistung

In Kap. 2.2.2 wurden physiologische Ansatzpunkte zur Beeinflussung der Photosyntheseleistung im Wege des Laubwandmanagements aufgezeigt. Bevor in Kap. 3 die Möglichkeiten zu deren Umsetzung eingehend erörtert werden, muss die Bedeutung der Photosyntheseleistung für Menge und Güte des Ertrags beleuchtet werden.

2.2.3.1 Vegetative Wachstumsprozesse

Die erforderliche Energie für den Austrieb und die anfängliche Triebentwicklung liefern Assimilate, die im Spätsommer und Herbst des Vorjahres in den Holzkörper der Rebe eingelagert wurden. Ergänzend dazu spielt auch die herbstliche Einlagerung des „Wachstumsmotors“ Stickstoff in Form von Aminosäuren eine wichtige Rolle für die anfängliche Triebentwicklung im Folgejahr. Eine nennenswerte Stickstoffaufnahme aus dem Boden setzt erst ca. 4 Wochen nach dem Austrieb ein.

Erst bei Erreichen einer Trieblänge von ca. 6 bis 8 Blättern wird der Trieb hinsichtlich seines Zuckerverbrauchs zum „Selbstversorger“, da erst dann die Photosyntheseleistung der unteren am weitesten entwickelten Blätter den für den weiteren Zuwachs erforderlichen Zuckerverbrauch abdeckt. Damit wird klar, dass einer guten Assimilateinlagerung im Spätsommer und Herbst des Vorjahres eine große Bedeutung für einen störungsfreien Austrieb und eine zügige anfängliche Triebentwicklung zukommt. Sie kann durch zahlreiche Faktoren beeinträchtigt werden:

- Die Trauben, konkret die Kerne, als natürliche Vermehrungsorgane der Rebe genießen gemäß dem Evolutionsprinzip „Erhaltung der Art ist wichtiger als Erhaltung des Individuums“ bei der Versorgung Präferenz. Ein zu hoher Traubenertrag verschlechtert damit die Assimilateinlagerung ins Holz.
- Ähnliche Wirkungen hat eine sehr späte Lese, bei der die Trauben sehr lange als Zuckerkonkurrenten des Holzkörpers am Stock verbleiben.
- Im Wege einer normalen sich längere Zeit hinziehenden Blattabreife geht die Photosyntheseleistung allmählich zurück. Im Blatt noch vorhandene wertvolle Inhaltsstoffe (z. B. Assimilate, organische N-Verbindungen) werden zu einem beträchtlichen Teil in die Triebe zurückverlagert, bevor das Blatt abfällt. Ein Frühfrost, der zum sofortigen Absterben bis dahin noch weitgehend intakter Blätter und anschließendem Blattfall führt, kann nicht nur die Photosynthese abrupt beenden, sondern

lässt auch diese Rückverlagerung nicht mehr zu. Eine vergleichbare Wirkung hat ein unvernünftig früher, aber leider dennoch gelegentlich anzutreffender Rebschnitt bereits vor dem Blattfall.
- Jede übermäßige Beeinträchtigung der Photosyntheseleistung in der Reifephase (zu kalt, zu trocken, zu wenig Licht, zu geringe Blattfläche, schlechter Chlorophyllstatus der Blätter durch Nährstoffmangel oder Krankheiten oder Schädlinge, ...) mindert nicht nur die Mostgewichtsleistung, sondern aufgrund der bevorzugten Versorgung der Trauben in noch stärkerem Maß die Assimilateinlagerung ins Holz.

Im Normalfall ist der Vorrat an Assimilaten im Altholz höher als der Bedarf in der Phase des nächstjährigen Austriebs und der anfänglichen Triebentwicklung. Kritisch wird es für die Vitalität des Stockes dann, wenn mehrere der o. g. die Einlagerung beeinträchtigenden Faktoren zusammentreffen und in ganz besonderer Weise gilt dies, wenn mehrere Jahre nacheinander im Herbst weniger Assimilate eingelagert als im Frühjahr verbraucht werden. Schultz, R. hat diesen Zusammenhang mit dem Satz „Die Rebe hat ein Gedächtnis!“ treffend auf den Punkt gebracht.

Ein Laubwandmanagement, dass, egal ob ungewollt (z. B. ungünstige Witterung, frühzeitiger Chlorophyllabbau) oder gewollt (z. B. durch starke Reduzierung der Blattfläche mit dem Ziel einer Reifeverzögerung) die Photosyntheseleistung im Spätsommer und Herbst reduziert, kann daher langfristig vitalitätsmindernde Effekte ausüben.

Nach Überschreiten der o. g. Trieblängen im Verlauf des Frühjahrs übernehmen eine zunehmend größer werdende Zahl für Nettophotosynthese ausreichend großer Blätter die Zuckeranlieferung an wachsende vegetative Organe (Triebspitzen, kleine Blätter) und generative Organe (Gescheine, Trauben). Maßnahmen, die eine gewollte frühzeitige temporäre Verschlechterung der Zuckerproduktion (frühe Teilentblätterung, vgl. Kap. 3.4.2.1) bewirken, wirken sich somit nicht nur hemmend auf das Beerenwachstum sondern auch hemmend auf das Triebwachstum aus!

2.2.3.2 Generative Wachstumsprozesse

Bildung und Ausprägung der Gescheine: Das generative Wachstum beginnt ebenso wie das vegetative Wachstum bereits im Vorjahr. Im Zuge der während des Triebwachstums in einem sich bildenden Winterauge stattfindenden Differenzierung des Zellgewebes wird der nächstjährige Trieb im Auge bereits auf einer Länge von ca. 8 Internodien angelegt. In diesem Zellverband lassen sich bereits die Ansätze für Gescheinsanlagen (Blütenprimordien) erkennen. Die Gescheinszahlen der nächstjährigen Triebe liegen demnach bereits im Herbst fest. Für das Fruchtbarkeitskriterium Gescheinszahl spielt die Belichtungssituation und die Assimilatversorgung der Augen in deren Zelldifferenzierungsphase eine wichtige Rolle. Die Triebanlagen in den Augen setzen tendenziell mehr Gescheinsanlagen an, wenn diese Augen während ihrer Ausbildung gut belichtet sind und gut mit Zucker versorgt wurden.

Die Größe der Gescheine im Sinne der daran sich bildenden Blütenzahl liegt am Ende des Vorjahres hingegen noch nicht fest. Erst im Wege weiterer Zellteilungs- und Differenzierungsprozesse in den Gescheinsanlagen im Frühjahr, beginnend mit dem Knospenschwellen über das anfängliche Triebwachstum, entscheidet sich, wie viele einzelne Blüten das Geschein ausbildet. In dieser Phase spielt das Zuckerange-

Tab. 1. Einfluss der Kernzahlen und der Gesamtkerngewichte auf die Beerengewichte bei verschiedenen Rebsorten (nach HOFÄCKER, W.; *2002 und 2004)*

	Regressionkoeffizient (b)	Bestimmtheitsmaß (= r²)
Portugieser		
Gesamtkerngewicht	5,77	0,24
Kernzahl	172,8	0,12
Silvaner		
Gesamtkerngewicht	15,14	0,60
Kernzahl	212,2	0,19
Huxelrebe		
Gesamtkerngewicht	17,57	0,82
Kernzahl	231,7	0,07
Riesling		
Gesamtkerngewicht	7,7	0,76
Kernzahl	106,1	0,19

Erläuterung der statistischen Messzahlen am Beispiel der Rebsorte Riesling:
Regressionskoeffizient: pro mg Gesamtkerngewicht nimmt das Beerengewicht um 7,7 mg zu und pro Kern beträgt seine Zunahme 106 mg
Bestimmtheitsmaß: Das Beerengewicht hängt zu 76 % vom Gesamtkerngewicht, aber nur zu 19 % von der Kernzahl ab

bot, d. h. die eingelagerten Zuckerreserven vom Vorjahr eine wichtige Rolle. Ein Laubwandmanagement, das in den Spätsommer- und Herbstmonaten bei einem nicht zu hohen Traubenertrag eine hohe Zuckereinlagerung ins Holz fördert, begünstigt im Folgejahr die Ausbildung großer Gescheine. Eine ähnliche Wirkung haben ertragsreduzierende Maßnahmen. Ein geringerer Ertrag begünstigt ebenfalls die Zuckereinlagerung ins Holz.

Blüteablauf: Neben der Fruchtbarkeit, definiert als mittlere Gescheinszahl/Trieb und mittlere Blütenzahl/Geschein, hat der Blüteablauf im Sinne des Blüteerfolgs eine große Bedeutung für die Ertragsbildung. Zusätzlich hängt vom Blüteerfolg in entscheidendem Maß die spätere Traubenstruktur ab, die ihrerseits von herausragender Bedeutung für viele qualitätsbestimmende Traubenbeschaffenheitsmerkmale ist.

Ein Erfolgskriterium für den Blütevorgang ist die Durchblührate, d. h. die Beerenzahl pro Traube bezogen auf die ursprünglich vorhandene Blütenzahl pro Geschein.

Beispiel: Bildet sich aus einem Geschein mit 200 Blüten eine Traube mit 120 Beeren, dann liegt die Durchblührate bei 60 %.

Im Normalfall weist der Fruchtknoten einer Blüte 4 Samenanlagen auf. Bei optimalem Ablauf der Befruchtungsvorgänge würde die daraus sich bildende Beere demnach 4 Kerne aufweisen. Die Tatsache, dass mittlere Kernzahlen in den meisten Fällen zwischen nur ca. 1,5–3 Kernen pro Beere liegen, lässt schon erahnen, dass ein „optimaler" Ablauf der Befruchtung (glücklicherweise) alles andere als selbstverständlich ist.

Wachsende Kerne geben in das umgebende Zellgewebe Gibberellinsäure ab. Je größer die Kernzahl und die Größe dieser Kerne sind, desto höher ist die Gibberellinsäureausschüttung. Die Gibberellinsäure begünstigt die Zellteilungsprozesse im Fruchtfleisch. Dies erklärt die positive Korrelation zwischen der Kernzahl sowie dem mittleren Kerngewicht einerseits und der späteren Beerendicke andererseits. Der stärkste Zusammenhang besteht jedoch zwischen dem Gesamtkerngewicht (Kernzahl × mittleres Kerngewicht) einer Beere und dem Beerengewicht. Tab. 1 verdeutlicht diese Zusammenhänge bei mehreren geprüften Rebsorten.

Ein guter Blüteerfolg ist neben einer hohen Durchblührate auch durch eine Begünstigung der Kernbildung sowohl hinsichtlich deren Zahl als auch Größe charakterisiert. Unter ungünstigen Witterungs- und Photosynthesebedingungen können allerdings Kerne absterben oder zeigen zumindest eine nur geringe Tendenz zur Verdickung, so dass die Bedeutung der Kernbildung für die Beerengewichte sich nicht ausschließlich auf den Blütezeitraum beschränkt. Eine „gute" Blüte begünstigt demnach in doppelter Weise die Bildung schwerer und kompakter Trauben. Es bildet sich nicht nur eine größere Zahl an Beeren sondern sie begünstigt über die Gibberellinsäureausschüttung der Kerne auch die Beerendicken.

Wird gar keine Samenanlage befruchtet, kann sich auch kein Rebkern bilden. Derartige Fruchtknoten sterben in der Regel ab. Das Absterben von etwa 30 bis 60 % der Fruchtknoten (sortenabhängig) ist ein normaler Vorgang. Erst bei noch höheren Werten spricht man von Verrieselung.

In sortenabhängig unterschiedlichem Ausmaß kann ein mehr oder weniger großer Anteil nicht befruchteter Fruchtknoten dennoch kleine kernlose Beeren bilden (Jungfernbeeren). Die Verdickung der Fruchtknoten zu Beeren ohne vorausgegangene Befruchtung wird auch als Jungfernfrüchtigkeit (Parthenokarpie) bezeichnet. Sortenabhängig kommt es dabei entweder zu einem frühzeitigen Absterben der Rebkerne (Scheinparthenokarpie, Stenospermokarpie) oder es bilden sich erst gar keine Kerne (echte bzw. induktive Parthenokarpie). In diesem Fall reichen allein der Kontakt von Pollenkörnern mit der Narbe des Fruchtknotens und die damit einhergehende Ausschüttung von Hormonen aus, um eine moderate Verdickung des Fruchtknotens und damit ein schwaches Beerenwachstum auszulösen.

Die Befruchtung kann nur stattfinden, wenn auf der Narbe der Blüte befindliche Pollenkörner keimen und in der Folge jeweils einen sogenannten „Pollenschlauch" bilden, der durch das Gewebe des Fruchtknotens zu den Samenanlagen wächst. Diese Pollenschläuche bilden die „Transporttunnel" für die Spermien der Pollenkörner. Ein gestörtes Wachstum der Pollenschläuche, das dazu führt, dass die Spermien ihr Ziel, die Samenanlagen, nicht erreichen, ist eine der wichtigsten Ursachen für Befruchtungsstörungen.

Für dieses Pollenschlauchwachstum ist die Assimilatkonzentration im Zellgewebe des Fruchtknotens von großer Bedeutung. Mit einer gezielten Verschlechterung oder Verbesserung der Zuckerzufuhr zu den Gescheinen lässt sich daher der Blüteerfolg und damit der Kompaktheitsgrad der Trauben und der spätere Ertrag beeinflussen. Im Hinblick auf Laubschnitt- und Teilentblätterungsmaßnahmen im Blütezeitraum sind diese Zusammenhänge von herausragender Bedeutung (vgl. Kap. 3.3.1.2 und 3.4.2.1).

Beerenwachstum und Traubenreife

Beeren wachsen in Form einer sogenannten doppelsigmoiden Wachstumskurve. Sie lässt 3 Phasen der Beerenentwicklung erkennen:

1. Nach erfolgter Befruchtung setzen die Verdickung der Fruchtknoten und damit das Wachstum der Beeren ein. Über einen je nach Sorte und Jahr ca. 4- bis 7-wöchigen Zeitraum kommt es zu Beerenwachstum aufgrund eines ständigen Wechsels von Zellteilung und Zellstreckung (Phase 1). In diesem Zeitraum wird der an die Trauben gelieferte Zucker nicht in den Beeren eingelagert, sondern für Zellteilungsprozesse verbraucht. Je besser die Beeren mit Zucker versorgt werden, desto schneller können die Zellteilungszyklen ablaufen und umso mehr Zellen werden gebildet. Das hohe Zuckerangebot begünstigt auch das Kernwachstum und damit deren Gibberellinsäureausschüttung, was auf die Zellteilung ebenfalls eine stimulierende Wirkung ausübt. Kommt es nach einer gut verlaufenen Blüte zusätzlich zu einem hohen Zuckerangebot an die jungen Beeren in der Phase 1 sind alle Voraussetzungen für schwere kompakte Trauben mit vielen und gleichzeitig auch dicken Beeren gegeben.
2. Nach Abschluss der Zellteilungsphase kommt es zu einer vorübergehenden Stagnation des Beerenwachstums (Sistierungsphase, Phase 2). Diese Zeitspanne (ca. 3 bis ca. 24 Tage) ist sehr stark sortenabhängig. Frühreifende Sorten durchlaufen diese Phase sehr schnell und gewinnen dadurch maßgeblich ihren späteren Reifevorsprung.
3. Mit dem Übergang von der Phase 2 in die Phase 3 beginnt die Reife, äußerlich erkennbar durch das Weichwerden der Beeren und eine Veränderung der Beerenfarbe. Es setzt ein erneutes Beerenwachstum ein, das aber ausschließlich durch weitere Zellstreckung und nicht mehr durch Zellteilung verursacht wird. Da in Phase 3 keine Zellteilung mehr stattfindet, kann ein hohes Zuckerangebot an die Beeren das Dickenwachstum auf diesem Weg nicht mehr beeinflussen. Der angelieferte Zucker wird nicht mehr verbraucht sondern eingelagert, was sich im Mostgewichtsanstieg bemerkbar macht. Hohes Zuckerangebot in Phase 3 beschleunigt somit den Mostgewichtsanstieg.

Die weitere streckungsbedingte Gewichts- bzw. Volumenzunahme der Beeren in Phase 3 kann in weiten Grenzen schwanken. Im Mittel mehrerer Sorten und Jahre wurde eine Gewichtszunahme von ca. 75 % bezogen auf das Ausgangsgewicht beim Reifebeginn beobachtet. In Einzelfällen kann die Volumenzunahme sowohl über 200 % wie auch unter 30 % liegen. Dabei spielen zahlreiche ineinander greifende bzw. sich gegenseitig beeinflussende Faktoren eine Rolle (osmotische Prozesse, Wasserversorgungszustand, Stickstoffangebot des Bodens, Wuchssituation, Traubenbehang, Laubschnittstrategie, Transpirationsbedingungen etc.).

Die beschriebenen Zusammenhänge machen deutlich, dass eine zielgerichtete Steuerung der Photosyntheseleistung und des Assimilattransports zu den Gescheinen

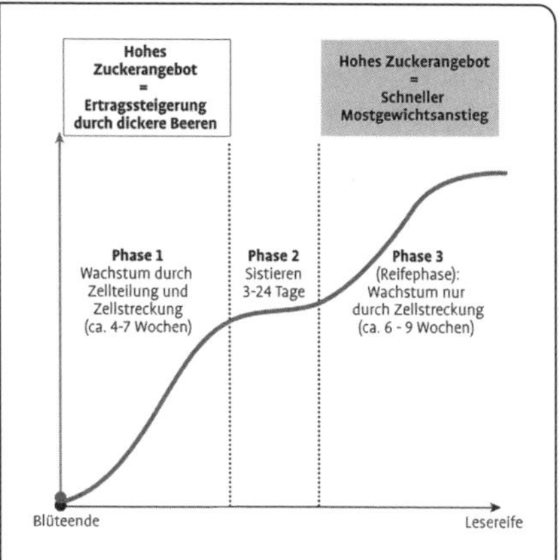

Abb. 7. Verlauf des Beerenwachstums.

während der Blüte bzw. den Trauben in Phase 1 der Beerenentwicklung demnach sowohl als „Gaspedal“ wie auch als „Bremspedal“ für die Ertragsbildung, die Traubenstrukturen und den Reifeverlauf genutzt werden kann (vgl. Kap. 3.3 und 3.4.2).

2.3 Atmung (Dissimilation)

2.3.1 Bedeutung und Ablauf

Um die Rolle des im Wege der Photosynthese gebildeten Zuckers im Energiestoffwechsel einfach verständlich zu machen, bietet sich ein Vergleich mit dem Betrieb elektrischer Geräte an.

Es gibt kein Radio und keinen Küchenmixer, die sich direkt mit Kohle oder Öl betreiben lassen; indirekt allerdings schon, denn die in diesen fossilen Brennstoffen steckende Energie lässt sich in Kraftwerken in elektrischen Strom umwandeln. Aus energetischer Sicht nimmt im pflanzlichen (und tierischen!) Stoffwechsel eine Substanz namens Adenosintriphosphat (ATP) die Rolle des elektrischen Stroms als sofort verfügbarer Energielieferant ein, während Zucker eine ähnliche Funktion wie der Brennstoff für die Stromerzeugung hat. Die in den als Mitochondrien bezeichneten Zellorganellen stattfindende Atmung ist die Kraftwerksturbine, in der im übertragenen Sinne die Stromgewinnung aus einem Brennstoff, also die Energieübertragung von Zucker in ATP stattfindet.

ATP ist in den Zellen ein sofort verfügbarer Energiespender für auf Energiezufuhr angewiesene chemische Reaktionen. Dabei ist ein ATP-Molekül im übertragenen Sinn vergleichbar mit einem geladenen Akku. Ein ATP-Molekül kann durch Abspaltung von 2 Phosphationen in zwei Stufen je ein Energiequantum bereitstellen. Dabei werden etwa 32,3 kJ/mol (bei Spaltung einer Bindung) oder 64,6 kJ/mol (bei Spaltung beider Bindungen) Energie für Arbeitsleistungen in der Zelle frei. Das ATP wird durch die erste Abspaltung eines Phosphat-Ions zu ADP (Adenosindiphosphat) und durch die Abspaltung eines weiteren Phosphat-Ions zu AMP (Adenosinmonophosphat) abgebaut. Es handelt sich um eine energetische „Bergab-Reaktion“. Diese Abspaltung ist jedoch reversibel, d. h. AMP lässt sich durch „andocken“ von einem Phosphat-Ion wieder zu ADP und durch andocken eines weiteren Phosphat-Ions wieder zu ATP regenerieren. ATP wäre aus energetischer Sicht sozusagen als voller, ADP als halbvoller und AMP als leerer Akku einzustufen. Das Andocken von Phosphat-Ionen an AMP bzw. ADP stellt eine energetische „Bergauf-Reaktion“ dar, bei der dem Zucker die Rolle des Brennstoffs und der Atmung die Rolle des Kraftwerks zukommt.

Hinsichtlich ihrer Rolle im Energiestoffwechsel stellen Assimilate in der Pflanze demnach gespeicherte Energie („Brennstoffe“) dar. Dabei sind wasserlösliche, niedermolekulare Zucker (Saccharose, Glukose, Fruktose) als transportable Energielieferanten zu betrachten, während die längerfristige Lagerung als Poly-Zucker vorrangig in Form von Stärke stattfindet.

Bei der Verbrennung von energiereichen Brennstoffen wird deren chemische Energie in thermische Energie umgewandelt, die sich über Turbine und Generator in Strom umwandeln lässt. Bei der Atmung (Dissimilation) wird die chemisch energiereiche Glukose ($C_6H_{12}O_6$) im Wege von Glykolyse und Citratzyklus über eine ganze Kette einzelner Reaktionsschritte zerlegt. Der frei werdende Kohlenstoff wird in Form von Kohlendioxid abgegeben. Abgespaltener Wasserstoff wird an spezielle Rezeptoren (NAD, FAD) angelagert und als $NADH_2$ bzw. $FADH_2$ zwischengespeichert. In der sogenannten Endoxidation wird dieser zwischengespeicherte Wasserstoff mit Hilfe von aufgenommenem Sauerstoff zu Wasser oxidiert, wobei viel Energie freigesetzt wird. Aus dem Chemieunterricht ist diese Reaktion als spektakuläre „Knallgasreaktion“ bekannt. Im Gegensatz zu dem eindrucksvollen Experiment im Schulunterricht läuft die Endoxidation in pflanzlichen und tierischen Zellen kontinuierlich und äußerlich unmerklich ab. Die im Wege der Endoxidation stattfindende Energiefreisetzung dient dazu, aus ADP bzw. AMP wieder ATP zu gewinnen, also Akkus wieder aufzuladen. Dabei finden sich allerdings nur 38 % der in der Glukose steckenden Energie als ATP wieder, während 62 % als „Abfall“wärme abgegeben werden.

In der Summe ergibt sich für die Atmung folgender Ablauf und bezogen auf ein Mol Glukose (180 g) folgende Energieausbeute:

$C_6H_{12}O_6$ (= 2872 kJ/Mol) + 6 O_2 → 6 H_20 + 6 CO_2 + 1102 kJ/Mol (als ATP) + 1770 kJ/Mol (als Wärme)

Die biochemischen Abläufe der Atmung sind bei Pflanzen und Tieren weitgehend identisch. Die in allen Zellen vorhandenen Mitochondrien sind die Zellorganellen, in denen die Atmung stattfindet. Benötigt ein menschlicher Körper z. B. für Ausdauersport in den Muskelzellen viel ATP, muss er viel Sauerstoff für die Verbrennung des über das Blut angelieferten Zuckers aufnehmen. Um dies zu gewährleisten, erhöht sich die Atemfrequenz und die Leistung des Blutkreislaufs durch eine Beschleunigung der Herzschlagfrequenz. Außerdem muss er die vermehrt anfallende Abfallwärme abführen um einer Überhitzung vorzubeugen. Dazu wird Wasser über die Hautoberfläche abgegeben (schwitzen). Die Verdunstung des Wassers auf der Hautoberfläche hat einen kühlenden Effekt. Die großen Oberflächen von Pflanzen, die Kontinuität der Abläufe und der Wärmeentzug verdunstenden Wassers („Verdunstungskälte“) sorgen dafür, dass die Wärmefreisetzung der Atmung unbemerkt bleibt. Gleichwohl findet sie statt und ist in stark wachsenden Organen auch messbar. Sichtbar ist dieser Effekt z. B. an Schneeglöckchen, die sich durch den Schnee schieben. Die Wärmefreisetzung im Rahmen der Atmung sorgt für eine Beschleunigung des Abtauprozesses rund um die Pflanze.

Die Endprodukte der Photosynthese (Glukose und Sauerstoff) sind demnach die Ausgangsprodukte der Atmung. Die Endprodukte der Atmung (Kohlendioxid und Wasser) sind ihrerseits die Ausgangsprodukte der Photosynthese. Dies erscheint auf den ersten Blick widersinnig, ist es aber ganz und gar nicht. Damit ATP-Gewinnung durch Zuckerabbau im Rahmen von Atmung stattfinden kann, muss Zucker entweder vorher gebildet oder im Wege der Nahrung aufgenommen worden sein (Abb. 8).

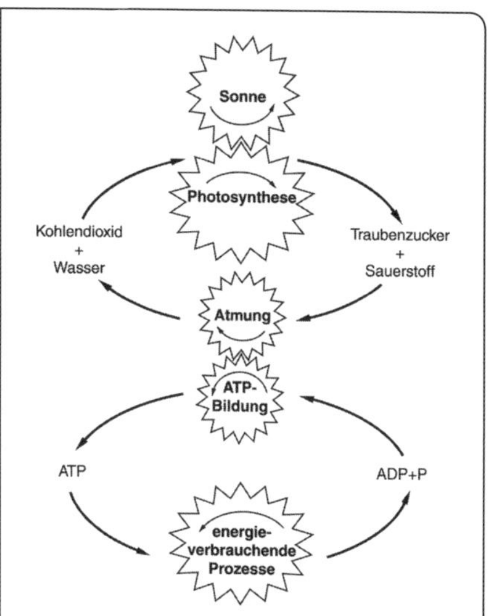

Abb. 8. Über Photosynthese und Atmung wird Sonnenlicht in nutzbare Energie (ATP) umgesetzt.

Pflanzen und andere chlorophyllhaltige Organismen (z. B. Algen) sind sogenannte autotrophe Organismen. Sie sind nicht auf Zuckerzufuhr angewiesen, sondern können ihn im Wege der Photosynthese selbst erzeugen. Der tierische Organismus muss sich hingegen diesen Zucker im Wege der Nahrungsaufnahme und -verdauung besorgen bzw. bilden. Solche auf die Aufnahme organischen Materials angewiesene chlorophyllfreie Organismen, auch Pilze gehören dazu, bezeichnet man als heterotrophe Organismen.

Im Hinblick auf die Verwendung des Zuckers unterliegt die Pflanze einem „Interessenkonflikt“. Einerseits dient er als Grundbaustoff zur Erzeugung anderer organischer Verbindungen und ist demnach die Basis für den Ertrag in quantitativer und qualitativer Hinsicht. Anderseits ist er der unverzichtbare Energielieferant. Je mehr Zucker im Wege der Atmung abgebaut wird, desto weniger steht als Grundbaustoff zur Verfügung. Das Begünstigen bzw. Tolerieren von anhaltendem vegetativem Wachstum erhöht den ATP-Bedarf und führt dadurch zu einem höheren Zuckerverbrauch durch Atmung. Auch diese Überlegungen liefern interessante Ansatzpunkte für die Steuerung von Wachstumsprozessen an Trauben in der Phase 1 sowie die Reifesteuerung (vgl. Kap. 2.3.2 und 3.3.1.5).

2.3.2 Einflussfaktoren und Konsequenzen

Diese zunächst sehr theoretisch anmutenden pflanzenphysiologischen Zusammenhänge sind für das Laubwandmanagement von großer Bedeutung, denn Atmung bedeutet Zuckerverbrauch. Verbrauchter Zucker kann nicht eingelagert werden. Je nachdem, wo dieser Zuckerverbrauch stattfindet und ob er durch Maßnahmen des Laubwandmanagements temporär bzw. lokal unterbunden, gehemmt oder gefördert wird, ergeben sich sehr vielfältige Auswirkungen, die sich auch überlagern oder in ihrer Wirkung gegenseitig aufheben können:

- Längenwachstum von Trieben erfordert ATP und sorgt dadurch für Assimilatverbrauch. Werden wachsende Triebspitzen gekappt, wird der für das vegetative Wachstum benötigte Zuckerbedarf vorübergehend verringert und die Gescheine oder Trauben profitieren davon in Form einer höheren Zuckeranlieferung. Je nachdem, wann der Assimilatkonkurrent Triebspitze entfernt wird, lässt sich auf diese Weise der Blüteablauf verbessern, die Zellteilung in jungen Trauben oder auch der Mostgewichtsanstieg beschleunigen (siehe Kap. 3.3). Wer das Gegenteil erreichen

möchte, müsste wachsende Triebspitzen als Zuckerverbraucher belassen.
Die Dauer dieses Effekts (Entfernung des Assimilatkonkurrenten Triebspitze) ist jedoch begrenzt, kann auf lange Sicht sogar umschlagen, da ein Kappen von Triebspitzen eine hinsichtlich Zeitpunkt und Ausmaß von Vegetationsstand und Wuchskraft abhängige Geiztriebbildung induziert. Die sich neu bildenden Triebspitzen übernehmen mit einer zeitlichen Verzögerung die Rolle der Haupttriebspitze (Assimilatkonkurrenz zu Gescheinen bzw. Trauben).
Darüber hinaus ist auch zu bedenken, dass ein Kappen von Trieben, je nach Schnitthöhe, auch zu einer Entfernung von Blättern führt, die aufgrund ihrer bereits erreichten Größe entweder bereits Nettophotosynthese betreiben oder kurz davor stehen (vgl. Kap. 2.4).

Laubschnittmaßnahmen können demnach hinsichtlich der Assimilatanlieferung an Gescheine bzw. Trauben sehr variable Auswirkungen haben, die sich sowohl auf den Ertrag wie auch das Mostgewicht auswirken können. Die Auswirkung einer Laubschnittmaßnahme auf die Assimilatanlieferung an die generativen Organe hängt davon ab, wie lange die Schnittmaßnahme bereits zurückliegt, ob sich die Triebe in Abhängigkeit von der Phänologie und der Vitalität der Anlage in einer noch starken oder bereits ausklingenden Wachstumsphase befinden, auf welcher Höhe bzw. in welchem Abstand zur Triebspitze der Schnitt erfolgt.

- Starkwüchsige Anlagen weisen bei vergleichsweise großer Blattfläche im Spätsommer sehr lange eine intensiv grüne Laubwand auf. Würde man nur an die Zuckerproduktion durch Photosynthese denken, könnte man daraus die Vermutung ableiten, dass sie ein besonders hohes Mostgewicht aufweisen müssten. Meist jedoch haben Anlagen mit mittlerer Wuchskraft die höchste Mostgewichtsleistung. Bei Kenntnis der physiologischen Zusammenhänge ist das einfach erklärbar:
Schwachwüchsige Anlagen weisen zumeist ein ungünstiges Blatt/Frucht-Verhältnis auf und die Blätter beginnen im Spätsommer früh mit Chlorophyllabbau. Oft ist dabei auch Trockenstress und/oder N-Mangel als Ursache im Spiel – alles Gründe für eine eingeschränkte Photosyntheseleistung.
Grund für bescheidene Mostgewichte ist eine bei dieser Konstellation eingeschränkte Brutto-Photosynthese.
Starkwüchsige Anlagen mit lange anhaltendem starkem Triebspitzen- und Geiztriebwachstum auch noch in der Reifephase weisen indes einen anhaltend hohen Zuckerverbrauch durch Dissimilation für das vegetative Wachstum auf. Hinsichtlich des Mostgewichts wird viel Zucker ineffektiv „verheizt“. Grund für die eingeschränkte Mostgewichtsleistung ist ein erhöhter Zuckerverbrauch durch Atmung.
In normalwüchsigen Anlagen ist in der Reifephase die Netto-Photosynthese als Differenz zwischen Brutto-Photosynthese und Atmung am höchsten. Damit sind beste Voraussetzungen für eine hohe Zuckereinlagerung in die Trauben gegeben, so dass Anlagen mit mittlerer Wuchskraft i. d. R. die höchsten Mostgewichte erreichen.

2.4 Sinks und sources

Organe der Pflanze, die Zucker liefern, bezeichnet man als sources. Organe, die Zucker aufnehmen, sind sinks.

- Die generativen Organe der Rebe (Gescheine bzw. die späteren Trauben) sind auf eine permanente Zuckeranlieferung angewiesen. Sie haben also ausschließlich sink-Funktion. Zucker wird für Wachstumsprozesse verbraucht bzw. ab Reifebeginn in die Beeren eingelagert.
- Blätter bis ca. 50 % ihrer Endgröße weisen ebenfalls sink-Funktion auf (negative Netto-Photosynthese). Bis dahin benötigen sie für ihr Wachstum mehr Zucker, als sie selbst produzieren (Abb. 6). Erst danach übersteigt die Zuckerproduktion den Verbrauch und sie werden zum Zuckerlieferanten (source).
- Der Holzkörper stellt im Frühjahr die für den Austrieb und das anfängliche Triebwachstum benötigten Assimilate zur Verfügung, hat in dieser Phase also source-Funktion. Mit der Wiederauffüllung der Assimilatvorräte im Spätsommer im Herbst wird er zum sink.

Die Kenntnis dieser Zusammenhänge spielt eine wichtige Rolle bei der Terminierung von Laubschnittmaßnahmen und bei allen Entscheidungen und Maßnahmen, die einen Einfluss auf die Größe der Blattfläche haben

2.5 Apikaldominanz und akrotonisches Wachstum

Wer Reben in ihrem natürlichen Wachstumsverhalten beobachtet (z. B. verwilderte Unterlagsreben in verbuschtem ehemaligem Weinbergsgelände) stellt fest, dass sie – vorrangig in der äußeren Krone von Hecken oder Bäumen wachsend – große Höhen erreichen können. Sie liefern sich mit der „Wirtspflanze“ sozusagen einen „Kampf ums Licht“. In diesem Kampf ist die bevorzugte Versorgung besonders hoch über dem Boden befindlicher Augen in der Austriebsphase bzw. von Triebspitzen während der Vegetationsphase ein Überlebensvorteil. Dieses Wachstumsmuster bezeichnet man als akrotonisches Wachstum.

Der Versuch, nach der Jungfeldphase eine Rebe durch Rebenerziehung über Jahrzehnte hinweg in gleicher Höhe und Ausdehnung zu halten, läuft diesem natürlichen Wachstumsmuster zuwider. Eine von der Senkrechten abweichende Formierung des Fruchtholzes durch Biegen (Bogreben) oder hängen lassen (Umkehrerziehung, traditioneller Minimalschnitt) oder sehr kurzes Fruchtholz (Zapfenschnitt) sind eine Möglichkeit, dem akrotonischen Wachstum entgegenzuwirken und das „Hochbauen“ eines Stockes zu unterbinden. Auch das Entfernen von Triebspitzen durch Laubschnitt hat einen ähnlichen Effekt und dient u. a. diesem Ziel.

Am grünen Trieb ist insbesondere in den ersten Wochen nach dem Austrieb eine ausgeprägte Apikaldominanz (sinngemäß: „Vorherrschaft der Triebspitze“) zu beobachten. Die Triebspitze wird vorrangig mit Assimilaten versorgt, wodurch ein schnelles Triebwachstum gewährleistet ist. Dabei spielen hormonelle Prozesse, vorrangig auf der Ebene der Cytokinine und Auxine, eine wichtige Rolle.

Diese Apikaldominanz ist bis ca. zum Blüteende besonders stark ausgeprägt. In ihrer sink-Funktion befinden sich die Triebspitze und junge wachsende Blätter einerseits und die generativen Organe (Gescheine bzw. Trauben) andererseits in einer Konkurrenzsituation. Die Rebe legt in diesem Zeitraum –was in der Natur beim Kampf ums Licht ja auch Sinn macht- besonderen Wert auf Längenwachstum. Eine stark ausgeprägte Apikaldominanz verringert die Assimilatanlieferung an die Gescheine und kann dadurch den Blüteerfolg verschlechtern (vgl. Kap. 2.2.3.2).

Mit Beginn des Beerenwachstums schwächt sich die Apikaldominanz allmählich ab, der Stock legt mehr Wert auf Fruchtbildung, also Nachkommenschaft.

Das Ausmaß der Apikaldominanz ist allerdings nicht nur vom Vegetationsstand abhängig. Sie hängt auch von der Konstellation zwischen dem Bedarf und dem Angebot an wichtigen Wachstumsfaktoren ab und lässt sich im Wege der Rebenerziehung bzw. Stockarbeiten beeinflussen.

- So fördern z. B. ein Überangebot an Stickstoff, warm-feuchte „wüchsige“ Witterung, eine vegetative und/oder generative Unterforderung (z. B. durch zu knappen Anschnitt) die Apikaldominanz, während sie durch gegenteilige Bedingungen gebremst wird.
- Auch die Trieborientierung spielt eine wichtige Rolle. Aufrechte Orientierung begünstigt die Apikaldominanz, während eine (mangels Unterstützung) mehr oder weniger hängende Orientierung die Apikaldominanz bremst.
- Wird ein Trieb gekappt, so wird die Apikaldominanz ausgeschaltet. Je nach Wuchsintensität und Jahreszeit setzt mit zeitlicher Verzögerung unterhalb der Schnittstelle ein mehr oder weniger starkes Geiztriebwachstum ein, so dass sich die Apikaldominanz wieder aufbauen kann.

In jedem Fall führt eine Reduzierung oder gar ein Ausschalten der Apikaldominanz zu einer stärkeren Zuckeranlieferung an die generativen Organe. Auch diesbezüglich ergeben sich äußerst wichtige praxisrelevante Konsequenzen, die allerdings auch von anderen Faktoren (z. B. Sorteneigenschaften) beeinflusst werden:

- Unterforderung (z. B. durch zu geringen Anschnitt) oder ein N-Überangebot können zu extrem starker Apikaldominanz im Blütezeitraum führen. Trotz hoher Photosyntheseleistung kann es dadurch zu Assimilatmangel in den Gescheinen und damit zu Störungen des Blüteablaufs kommen, wenn die Triebe zu üppig wachsen und dabei viel Zucker für üppiges vegetatives Wachstum verbrauchen (vgl. Kap. 2.2.3.2).
- Die gehemmte Apikaldominanz bei hängender Trieborientierung begünstigt den Blüteablauf. Daher kann sich z. B. die Auswahl einer Umkehrerziehung für eine ohnehin zu kompakten Trauben tendierende Rebsorte hinsichtlich frühzeitiger Fäulnis als problematisch erweisen.
- Das Brechen der Apikaldominanz durch Laubschnitt unmittelbar vor oder während der Blüte kann den Blüteerfolg wesentlich verbessern, da die Gescheine vom Wegfall der Assimilatkonkurrenz profitieren und besser mit Zucker versorgt werden. Ein Effekt der je nach Rahmenbedingungen und Zielsetzungen sowohl erwünscht wie auch fatal sein kann.

2.6 Blatt/Frucht-Verhältnis (BFV)

Die bisherigen Ausführungen lassen erahnen, dass das Verhältnis zwischen Blattfläche und Traubenertrag einen großen Einfluss auf die Zuckeranlieferung und damit den Mostgewichtsanstieg haben muss. Dieses Blatt/Frucht-Verhältnis (BFV) wird üblicherweise in cm^2 Blattfläche pro Gramm Traubenertrag angegeben. Dabei erweist sich das BFV für das erzielbare Mostgewicht gesunder Trauben als noch wichtiger wie die absolute Ertragshöhe.

Die Wichtigkeit einer bezogen auf den Traubenertrag ausreichend großen Blattfläche für eine gute Mostgewichtsleistung wird auch in der älteren Weinbauliteratur immer wieder betont. Umso schwerer ist es zu verstehen, dass in manchen Anbauregionen so lange an Erziehungssystemen festgehalten wurde, deren Blatt/Frucht-Verhältnis diesbezüglich unzureichend ist (vgl. Kap. 4.3.1).

Untersuchungen zeigen, dass unter durchschnittlichen deutschen Standort- und Witterungsbedingungen ein BFV von ca. 16–22 cm^2 Blattfläche pro Gramm Traubenertrag erforderlich ist, um das sorten- und jahrgangsabhängige Mostgewichtspotenzial ausschöpfen zu können. Abweichungen des optimalen BFV von den vorgenannten Werten sind möglich:

- Die Nachteile eines Standorts mit ungünstiger Sonneneinstrahlung (z. B. Nordhang, Hang mit Horizontabschirmung) lassen sich in gewissen Grenzen durch eine größere „Kollektorfläche" also ein höheres BFV kompensieren.
- Die extrem hohe Einstrahlung auf einen gegen Süden exponierten Steilhang lässt es zu, mit einem geringeren BFV maximale Mostgewichtsleistung zu erreichen, da die Leistung des Einzelblatts aufgrund der intensiven und langen Einstrahlung dort besonders hoch ist (solange genügend Wasser vorhanden ist!). Dies ist auch auf Regionen des Weltweinbaus mit höherer Einstrahlungsintensität und -dauer übertragbar.
- Bei ausgeprägtem Wasserstress kann ein knappes BFV aufgrund des geringeren Wasserbedarfs eventuell sogar eine höhere Mostgewichtsleistung ermöglichen als dies bei einer größeren Blattfläche der Fall ist. Eine zu große Blattfläche kann zur vorzeitigen Erschöpfung der Bodenwasservorräte beitragen, so dass die Blätter zunehmend gezwungen sind, zur Reduzierung des Wasserverbrauchs Spaltöffnungen zu schließen (vgl. Kap. 2.2.2), was zu einem Einbruch der Photosyntheseleistung führt. Eine geringere Blattfläche hat in Phasen guter Wasserversorgung eine geringere Photosyntheseleistung, kann ihr Leistungsniveau jedoch länger aufrechterhalten. Hohe (bereits eingekürzte) Laubwände auf trockenstressgefährdeten Standorten bergen das Risiko einer hohen Photosyntheseleistung und Zuckeranlieferung an die Trauben in den Wochen nach der Blüte (ertragsfördernd) und eines Einbruchs der Photosyntheseleistung, gekoppelt mit ausgeprägtem Stress, in der Reifephase – eine aus qualitativer Sicht sehr bedenkliche Konstellation.
  Bei diesen Überlegungen spielt allerdings auch das Anschnittniveau eine wichtige Rolle. Der für den Wasserversorgungsstatus sehr wichtige Blattflächenindex (Blattfläche pro Bodenfläche) hängt neben der Trieblänge auch vom Anschnittniveau ab, da von diesem Parameter letztlich die Triebzahl pro Fläche abhängt. Ein hohes BFV auf einem trockenstressgefährdeten Standort ist daher umso weniger bedenklich, je niedriger das Anschnittniveau ist (vgl. Kap. 2.2.2).
- Ganz neue Überlegungen zu Optimierung des BFV ergeben sich durch die Veränderungen der klimatischen Bedingungen seit ca. Anfang der 90er Jahre. Im Schnitt liegt der Reifebeginn in Deutschland heute ca. 8 bis 10 Tage früher als in den 50er bis 80er Jahren des letzten Jahrhunderts. Ein zu früher und steiler Mostgewichtsanstieg kann zu einer Vielzahl von Problemen führen (vgl. Kap. 3.3.1.5). Eine bewusste Verringerung der Assimilatzufuhr an die Trauben durch eine Verminderung des BFV unter die o. g. Werte kann eine erwägenswerte Strategie zur Reifeverzögerung sein.

Die geschilderten Überlegungen spielen eine wichtige Rolle für die Bemessung der sinnvollen Laubwandhöhe (vgl. Kap. 3.3.1.3) und insbesondere für die Konzeption von Laubschnittstrategien mit unterschiedlichen Zielsetzungen (vgl. Kap. 3.3.1.5).

2.7 Belichtung und Beschattung

Für die Beschattung von Blättern und Trauben kommen 2 Ursachen in Frage:

1. Vom Sonnenstand und damit der Tages- und Jahreszeit abhängig ist die gegenseitige Abschirmung benachbarter Laubwände. Für diese Form der Beschattung spielen die geometrischen Relationen zwischen Gassenbreite, Laubwandhöhe (nicht Zeilenhöhe!) und Laubwanddicke als Merkmale des Laubwandmanagements eine wichtige Rolle. Auch außenliegende Blätter unterliegen in Abhängigkeit von diesen Relationen aufgrund der tageszeitlich bedingten Wanderung der Sonne am Himmel zeitweise dieser Beschattungsform.
2. Eine andere Form der Beschattung ist die sogenannte laubwandinterne Beschattung. Die Laubwand ist zwar besonnt, aber ein Teil der Blätter ist durch andere Blätter überlagert und dadurch schattiert.
   Hinsichtlich dieser Beschattungsform gibt es große Unterschiede zwischen verschiedenen Erziehungssystemen und dem damit einhergehenden jeweiligen Laubwandmanagement. So gibt es in einem schlanken, gut gehefteten Spalierdrahtrahmen, in dem die Triebdichte (Anzahl Triebe pro lfd. m) gering (< ca. 15 Triebe/lfd. m) und die sorten- und wuchskraftabhängige Geiztriebbildung ebenfalls nur gering ist, nur relativ wenige Blätter, die starker laubwandinterner Beschattung unterliegen. Eine gegenteilige Situation wäre in „klassischen" Minimalschnittanlagen zu erwarten, insbesondere wenn diese sehr starkwüchsig sind (vgl. Kap. 4.1). Im Spalierdrahtrahmen ist die o. g. Triebdichte ein gut geeignetes Kriterium, um die laubwandinterne Beschattungssituation abschätzen zu können. Bei Systemen mit eher „großvolumigen" Laubwandstrukturen (z. B. Umkehrerziehung) lässt sich die Beschattungssituation mit der Kennzahl m^2 Blattfläche pro m^3 Laubwandvolumen besser charakterisieren, ein Wert, dessen Ermittlung jedoch ungleich schwieriger und aufwändiger ist.

Da beschattete Blätter sowohl eine geringere Photosyntheseleistung wie auch einen geringeren Wasserverbrauch aufweisen ist die in Abhängigkeit vom Erziehungssystem sehr unterschiedliche laubwandinterne Beschattung bzw. der Anteil beschatteter Blätter der Grund dafür, warum zwischen der Blattfläche eines Stockes und seiner Photosyntheseleistung sowie der Blattfläche und dem

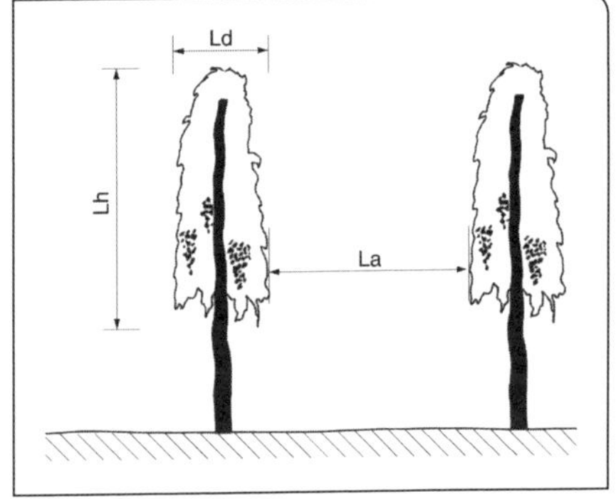

Abb. 9. Die Relation zwischen Laubwandhöhe (Lh) und Laubwandabstand (La) bestimmt das Ausmaß gegenseitiger Beschattung benachbarter Laubwände.

Wasserverbrauch kein linearer Zusammenhang besteht.

Im Spalierdrahtrahmen ist die Wahl der Gassenbreite sehr stark von diesen Überlegungen geprägt. Sehr große Gassenbreiten minimieren die gegenseitige Beschattung benachbarter Laubwände. Die damit einhergehende geringere Zeilenzahl fördert in der Praxis jedoch die Tendenz, pro laufenden Meter Zeile eine größere Augenzahl anzuschneiden, da andernfalls das Risiko unerwünscht niedriger Flächenerträge ansteigt. Als Reaktion ist dann oft ein Übereinandergerten (Übereinanderbiegen) von Bogreben und/oder ein sehr hoher Biegdrahtabstand (Pendelbogen) zu beobachten. Unabhängig von anderen Problemen kommt es dann zu einer hohen Triebdichte (Triebzahl/lfd. m), so dass die laubwandinterne Beschattung ansteigt.

In besonderer Weise gilt dies für Spalieranlagen mit Zapfenschnitt, bei denen aufgrund der geringeren Fruchtbarkeit basaler Augen i. d. R. ohnehin mehr Augen angeschnitten werden und bei denen sich zudem viele Triebe aus Astringaugen (Übergangszone vom einjährigen Fruchtholz zum zwei- oder mehrjährigen Holz) bilden. Auch die Traubenzone droht dann zu dicht zu werden. Die Ausbrecharbeiten haben u. a. die Aufgabe, eine optimale Triebdichte zu gewährleisten. Eine zu hohe Triebdichte sorgt für einen hohen Anteil wenig effektiver, beschatteter Blätter und für eine schlechte Belüftungs- und Belichtungssituation der Trauben.

Nicht nur aufgrund technischer Aspekte, sondern insbesondere auch aufgrund dieser Überlegungen haben sich in Deutschland im Direktzug in Spalierdrahtanlagen Gassenbreiten um 2 m als Standardmaß etabliert.

- Deutlich größere Gassenbreiten verschärfen die Tendenz zu einem zu hohen Anschnitt pro laufendem Meter Zeilenlänge. Die gegenseitige Beschattung benachbarter Laubwände sinkt, aber die laubwandinterne Beschattung steigt an und die Belichtungs- und Belüftungsverhältnisse in der Traubenzone verschlechtern sich.
- Bei im Hinblick auf ein ausreichendes BFV erforderlichen Laubwandhöhen zwischen ca. 1,2 bis 1,5 m käme es bei Gassenbreiten deutlich unter 2 m hingegen zu einer zu starken gegenseitigen Beschattung. Geringere Gassenbreiten wären nur sinnvoll bei geringeren Laubwandhöhen, die ihrerseits nur bei einem in etwa gleichem Maß verringerten Traubenertrag pro Trieb (= Beibehaltung des BFV) oder bei einem mit dem Ziel der Reifeverzögerung absichtlich reduzierten BFV sinnvoll wären.

Insofern stellen Gassenbreiten um 2 m einen Kompromiss dar, der neben anderen Aspekten auch sehr stark durch die Überlegungen zur Beschattung geprägt ist.

2.8 Photosyntheseleistung und Assimilattransport als Lenkungsinstrumente

Aus den bisherigen Ausführungen lässt sich ableiten, dass der Winzer eine Reihe von Möglichkeiten hat, die Photosyntheseleistung zu beeinflussen. Zudem bieten sich Ansatzpunkte, die Verwendung der produzierten Assimilate ebenfalls zu beeinflussen. Ihm stehen sozusagen „Gas- und Bremspedale“ zur Verfügung, mit denen er die Zuckerzufuhr an die Gescheine bzw. Trauben sowohl fördern wie auch verringern kann.

Die wichtigste Maßnahme zur Förderung der Photosyntheseleistung wäre die Schaffung einer großen und möglichst gut belichteten Blattfläche mit einem guten Chlo-

Tab. 2. Wirkung verschiedener Laubbehandlungsmaßnahem auf Kompaktheit und Gewicht der Trauben (↑ = Anstieg bzw. Zunahme, ↓ = Rückgang bzw. Abnahme, o = kein nennenswerter Effekt)

TE = Teilentblätterung	Durchblührate	Beerendicke	Kompaktheit und Traubengewicht
TE in der Blüte	↓	↓↓	↓↓↓
TE in der frühen Beerenentwicklungsphase 1	o	↓	↓
TE nach Beerenentwicklungsphase 1	o	o	o
Erster Laubschnitt kurz vor oder in der Blüte	↑	↑↑	↑↑↑
Erster Laubschnitt in der frühen Beerenentwicklungsphase 1	o	↑	↑
Erster Laubschnitt nach Beerenentwicklungsphase 1	o	o	o

rophyllstatus (keine Nährstoffmängel oder biotische Schädigung durch Schädlinge oder Pilzerkrankungen). In Trockenphasen hätte eine Verbesserung des Wasserstatus z. B. durch Tropfbewässerung oder eine Bodenabdeckung einen positiven Einfluss auf die Photosyntheseleistung. Mit einem Kappen von Triebspitzen in Phasen ausgeprägten Längenwachstums wäre eine zumindest vorübergehende erhöhte Zuckerversorgung der generativen Organe verbunden.

Im Hinblick auf die daraus resultierenden Konsequenzen ist es wichtig, sich in Erinnerung zu rufen, dass gebildeter Zucker nicht nur die Basis für die organischen Inhaltsstoffe des Mostes aus qualitativer Sicht ist, sondern dass er auch die Grundlage der Ertragsbildung im quantitativen Sinne ist (vgl. Kap. 2.2.3.2).

Die Möglichkeiten, sowohl auf die Photosyntheseleistung wie auch die Verwendung der Assimilate Einfluss nehmen zu können, eröffnen vielfältige Möglichkeiten der Ertrags- und Reifesteuerung.

- Mit einer bewussten Verringerung des Zuckerangebots an die blühenden Gescheine lässt sich der „Blüteerfolg“, also die Durchblührate und die Kernbildung verringern (vgl. Kap. 2.2.3.2). Ein Ansatzpunkt in dieser Richtung ist insbesondere eine Teilentblätterung in diesem Zeitraum, bei der die in diesem Zeitraum leistungsfähigsten Haupttriebblätter in der Traubenzone entfernt werden (vgl. Kap. 3.4.2.1)
- Eine umgekehrte Wirkung hätte ein frühzeitiges Ausschalten des Assimilatkonkurrenten Triebspitze durch Kappen unmittelbar vor oder während der Blüte.
- In der Beerenentwicklungsphase 1, in der die Beeren durch einen ständigen Wechsel von Zellteilung und Zellstreckung wachsen (vgl. Kap. 2.2.3.2) würde die Reduzierung der in diesem Zeitraum noch besonders leistungsfähigen Haupttriebblattfläche in der Traubenzone durch eine Teilentblätterung die Zellteilungszyklen verlangsamen.

Die Beeren würden weniger Zellen anlegen und blieben im Endeffekt dünner.

- Den gleichen Effekt hätte eine lang anhaltende Aufrechterhaltung der Assimilatkonkurrenz zwischen Triebspitzen und Trauben durch spätes Gipfeln (vgl. Kap. 3.3.1.2).

Tab. 2 bietet einen Überblick über die Wirkung der wichtigsten im Rahmen des Laubwandmanagements sich ergebenden Beeinflussungsmöglichkeiten für wichtige Traubenbeschaffenheitsmerkmale.

Aus Tab. 2 lassen sich Laubbehandlungsstrategien für verschiedene Zielsetzungen unmittelbar ableiten:

- Wer an hohen Erträgen (unter Inkaufnahme der aus kompakten Trauben resultierenden Probleme!) interessiert ist, dürfte erst spät (also nach Beerenentwicklungsphase 1) oder gar nicht teilentblättern und müsste den ersten Laubschnitt früh durchführen.
- Wer das Gegenteil erreichen will, müsste sich gegenteilig verhalten.
- In der Reifephase führt eine Maximierung der Zuckerzufuhr an die Trauben zu einem beschleunigten Mostgewichtsanstieg und erhöht die Wahrscheinlichkeit hoher Endmostgewichte. Eine hohe, gesunde und gut belichtete Laubwand wäre die erforderliche Voraussetzung. Im Idealfall sollte wegen des Assimilatverbrauchs durch wachsende Triebspitzen bzw. junge Blätter in der Reifephase kein oder allenfalls nur noch geringer Triebzuwachs mehr stattfinden. Gegebenenfalls wären die wachsenden Triebspitzen durch Laubschnitt zu entfernen.
- Für eine eventuell erwünschte Reifeverzögerung wäre hingegen eine Reduzierung der Blattfläche in der Reifephase der wirksamste Ansatz. Dabei bilden die im oberen Laubwandbereich befindlichen Haupttriebblätter in dieser Phase die leistungsfähigsten Blätter des Stockes. Mögliche Maßnahmen wären eine deutliche Reduzierung der Trieblängen durch sehr tiefen Laubschnitt (vgl. Kap. 3.3.1.3) oder auch eine seitliche Entblätterung im oberen Laubwandbereich (vgl. Kap. 3.4.4).

3 Praxis der Laubarbeiten und Laubwandgestaltung bei der Spaliererziehung

Die Spaliererziehung im Drahtrahmen ist in Deutschland das mit Abstand wichtigste Erziehungssystem. Während die bisherige Darlegung biologischer Zusammenhänge weitgehend unabhängig von bestimmten Erziehungssystemen Gültigkeit hat, beziehen sich die nachfolgenden Ausführungen explizit auf die Spaliererziehung in ihren unterschiedlichen Variationen. Sie sind daher nur mit Einschränkungen auf andere Systeme übertragbar.

Eine Reihe alternativer Systeme (z. B. Umkehrerziehung, Vertikoerziehung, vgl. Kap. 4.3) haben sich aus unterschiedlichen Gründen in der Praxis nicht durchsetzen können oder haben sich aufgrund der Einführung neuer Mechanisierungssysteme als nicht mehr zeitgemäß erwiesen, da sie den Einsatz moderner Technik nicht oder nur erschwert zulassen (z. B. nicht vollerntertaugliche Drahtrahmenanlagen mit Querjoch).

Einige alte Einzelpfahlerziehungsformen (z. B. Moselpfahlererziehung mit Rundbogen) haben nur noch regional im Steilhang eine Bedeutung und sind ebenfalls nicht oder nur begrenzt für den Einsatz moderner Technik geeignet.

Die einzige aus heutiger Sicht zukunftsträchtige und auf großes Interesse stoßende Alternative sind Minimalschnittsysteme. Auf die spezifischen Anforderungen dieser Systeme an das Laubwandmanagement wird in Kap. 4.1 und 4.2 näher eingegangen.

Laubarbeiten sollten mit offenen Augen vollzogen werden. Sie bieten eine einzigartige Möglichkeit, den Gesundheitszustand der Rebe, ihren Ernährungszustand und ihre Wuchskraft bewerten zu können. Dies ist Voraussetzung, um rechtzeitig Fehlentwicklungen vorzubeugen oder Gegenmaßnahmen einzuleiten. Sämtliche Pilzkrankheiten, eine Reihe tierischer Schädlinge, Viruserkrankungen und Ernährungsstörungen lösen eine Vielzahl charakteristischer Symptome an den Blättern aus, die bei entsprechender Kenntnis gute Diagnosen der Ursachen ermöglichen. Daher ist es sehr hilfreich, wenn die mit den Laubarbeiten betrauten Arbeitskräfte über grundlegende Kenntnisse der wichtigsten biotischen und abiotischen Schädigungen der Rebe, insbesondere der jeweiligen charakteristischen Symptome verfügen.

Die Laubarbeiten sind immer auch im Kontext mit den übrigen Stockarbeiten zu betrachten. Der Rebschnitt und das Biegen legen die Grundlagen für die Laubwandstruktur im Sommer. Im Rahmen der Laubarbeiten lassen sich bei diesen vorausgehenden Arbeiten getroffene bzw. praktizierte fragwürdige Entscheidungen und Maßnahmen teilweise korrigieren (z. B. eine Triebzahlkorrektur nach einem zu langen Anschnitt). Erforderliche Korrekturmaßnahmen gehen jedoch immer mit zusätzlichem Arbeitsaufwand einher. Sinnvoller ist es, Korrekturmaßnahmen im Rahmen des Möglichen verzichtbar zu machen. Ein sinnvoller Stockaufbau und Anschnitt und ein sachgerechtes Biegen können den Aufwand für Ausbrecharbeiten oder die Notwendigkeit für Teilentblätterungsmaßnahmen verringern oder eventuell sogar überflüssig machen.

Die manuelle Durchführung der Arbeiten am Rebstock bringt es mit sich, dass den Arbeitskräften derartige Symptome buchstäblich vor Augen geführt werden und kaum zu übersehen sind. Die zunehmende Mechanisierung der Laubarbeiten in den letzten Jahrzehnten und die damit einhergehende Verlagerung des Arbeitsplatzes auf den Schleppersitz haben es mit sich gebracht, dass viele Arbeitskräfte heute nicht mehr über die wünschenswerte Beobachtungsgabe verfügen. Diesbezüglich mangelnde Fertigkeiten beschränken sich leider nicht nur auf Saisonarbeitskräfte. Nicht selten haben Arbeitskräfte im Laufe eines Tages, z. B. beim mechanischen Laubschnitt, 30 000 Reben vor Augen, ohne aber dabei im Sinne der erwähnten Beobachtungen wirklich etwas zu sehen und bewusst wahrzunehmen. Damit ist die wichtigste Voraussetzung, um auf Fehlentwicklungen rechtzeitig zu reagieren, nicht mehr gegeben. Umso wichtiger ist es, in Zeiten eines vollklimatisierten, ergonomisch durchdachten Arbeitsplatzes in immer komfortabler werdenden Schlepperkabinen, oft durch Musikberieselung und Sonnenbrille zusätzlich von der Außenwelt abgeschottet, sich der Notwendigkeit und des Nutzens des Sammelns von Beobachtungen bewusst zu werden und Arbeitskräfte entsprechend zu schulen und in diesem Sinne zu animieren.

Andererseits wirken sich die Laubarbeiten auch auf das Folgejahr aus. So hängen zum Beispiel die beim Rebschnitt sich ergebenden Möglichkeiten des Anschnittes von Fruchtruten und Ersatzzapfen von den Ausbrecharbeiten im Vorjahr ab.

Die sowohl in die Vergangenheit wie auch in die Zukunft reichenden Abhängigkeiten und Wechselwirkungen zwischen Laubarbeiten – insbesondere den Ausbrecharbeiten – einerseits und dem Rebschnitt und Biegen andererseits sind der Grund, warum die agierenden Arbeitskräfte über Kenntnisse und Erfahrungen mit allen Stockarbeiten und auch dem grundsätzlichen Aufbau des Erziehungssystems verfügen sollten.

Die Belichtungs- und Belüftungssituation in einer Laubwandstruktur ist auch in erheblichem Maße sortenabhängig. Sorten mit kurzen Internodien und starker Neigung zur Geiztriebbildung neigen dazu, Laubstrukturen zu bilden, die dem Begriff „Laubwand" im wahrsten Sinne des Wortes gerecht werden. Bei derartigen Sorten ergibt sich eine große Blattfläche pro Meter Trieblänge. In der Regel sind damit gute Voraussetzungen für ein günstiges Blatt/Frucht-Verhältnis gegeben – zumindest dann, wenn die Traubenerträge pro Trieb nicht übermäßig hoch sind. Beispiele dafür wären Sorten wie Gewürztraminer, in eingeschränktem Maß auch Silvaner, Kerner und Burgundersorten, speziell einige „traditionelle" Spätburgunderklone. Ein Nachteil dieser Eigenschaft ist die tendenziell schlechtere Belichtungs- und Belüftungssituation, die durch entsprechend sorgfältige Ausbrech- und Heftarbeiten, eventuell durch korrigierende Teilentblätterungsmaßnahmen optimiert werden muss.

Das extremste Gegenbeispiel wäre die Rebsorte Dornfelder. Auch dann, wenn die Ausbrech- und Heftarbeiten relativ nachlässig vorgenommen werden, hängen die Trauben relativ frei und deren Belichtungs- und Belüftungssituation ist günstig. Allerdings ist Blattfläche dann Mangelware und die Wahrscheinlichkeit eines unzureichenden Blatt/Frucht-Verhältnisses sehr groß (vgl. Kap. 2.6 und 3.3.1.3).

3.1 Ausbrecharbeiten

3.1.1 Weinbauliche Bedeutung

Im Gegensatz zu den übrigen im Rahmen des Laubwandmanagements durchzuführenden Arbeiten ergeben sich hinsichtlich des Ausbrechens, verglichen mit der älteren Weinbauliteratur, keine bahnbrechenden neuen Erkenntnisse.

3.1.1.1 Ausbrechen am Rebstamm bzw. mehrjährigen Holz:

Die jährlichen Laubarbeiten beginnen mit dem Ausbrechen von Wasserschossen („wilde" Triebe unmittelbar aus dem mehrjährigen Holz) am Rebstamm. Die Neigung, aus dem alten Holz Wasserschosse zu treiben, ist sortenabhängig sehr unterschiedlich. Sorten, die unter normalen Umständen nur wenige Wasserschosse treiben (z. B. Kerner, Portugieser), stehen andere gegenüber, die dazu sehr stark neigen (z. B. Silvaner, Morio-Muskat). Beides hat Nachteile:

- Bei schwach ausgeprägter Neigung zur Wasserschossbildung ist die Formerhaltung des Rebstocks schwierig, da dort, wo man – zwecks Gewinnung einer günstig positionierten Fruchtrute – einen Zapfen anschneiden will, oft kein Wasserschoss vorhanden ist, der dies zuließe.

Bisherige Rebschnittstrategien hatten das Ziel, auf gleichbleibender Höhe auf einem Stammkopf jährlich eine oder auch 2 neue Bogreben zu biegen und Rückschnitte des Stammes möglichst zu vermeiden. Schon der Nutzen des Altholzes als Speicher für Reservestoffe rechtfertigt dies. Die Zuspitzung der ESCA-Problematik schürt mittlerweile Zweifel an der Richtigkeit dieser Strategie, da sichtbare ESCA-Symptome im Holz oft an größeren Wundstellen im Bereich des Kopfes ansetzen und dann allmählich nach unten fortschreiten.
Einige Indizien schüren den Verdacht, dass ein gelegentlicher Neuaufbau des Stammes in mehrjährigen Intervallen möglicherweise die ESCA-Problematik vermindern kann. Andererseits wird insbesondere in Südtirol und in Friaul ein Rebschnittsystem („Sanfter Rebschnitt") beworben, das größten Wert darauf legt, jegliche Schnitte an mehrjährigem Holz (> 2 Jahre) zu vermeiden, indem man ein kontrolliertes sehr langsames Wachstum eines gabelartigen Stammkopfes in die Breite in Kauf nimmt. Dazu bedarf es auch einer speziellen Vorgehensweise beim Ausbrechen mit dem Ziel, an geeigneter Stelle eine Triebbildung zu induzieren, die für den nächstjährigen Rebschnitt dort den Anschnitt einer Fruchtrute oder eines Zapfens ermöglicht.
Vordergründig betrachtet stehen die beiden unterschiedlichen „Rebschnittphilosophien" in krassem Widerspruch zueinander. Dieser vermeintliche Widerspruch lässt sich aber einfach auflösen: Ein regelmäßiger Rückschnitt könnte möglicherweise eine frühzeitige (rechtzeitige) Sanierung von Stöcken ermöglichen, bei denen ESCA-Symptome im Stamm von oben nach unten vordringen. Der „sanfte Rebschnitt" ist als Versuch zu werten, die Infektionen von vornherein zu unterbinden.
Leider ist es nur im Wege langjähriger Auswertungen möglich, eine Aussage über den Einfluss unterschiedlicher Rebschnittstrategien auf ESCA zu treffen. Derzeit gibt es keine Untersuchungen, die die Wirksamkeit der unterschiedlichen Strategien ausreichend belegen könnten, zumal mit deren Umsetzung auch einige andere Probleme einhergehen können. Sollte sich eine der beiden oder eventuell auch beide als zutreffend erweisen, hätte dies auch Konsequenzen für die Ausbrecharbeiten.

- Sorten, die üppig Wasserschosse bilden, sind diesbezüglich zwar günstiger zu bewerten, neigen jedoch zu einem buschigen Wuchs, was Verdichtungen oder zwecks deren Vermeidung erhöhten Ausbrechaufwand zur Folge hat.

Grundsätzlich sollten Wasserschosse im unteren und mittleren Stammbereich frühzeitig vollständig ausgebrochen werden. Das Belassen eines oder einiger weniger tiefer Wasserschosse zwecks nächstjährigen Aufbaus eines neuen Rebstammes (z. B. als Reaktion auf Esca oder Stammschäden durch Winterfrost) im Bedarfsfall bildet dabei eine Ausnahme. Im oberen Stammbereich sollte nur soweit ausgebrochen werden, dass nicht zu viele Triebe mit nachfolgend erhöhtem Verdichtungsrisiko verbleiben. Wasserschosse, die so positioniert sind, dass sie im Folgejahr als Zapfen oder eventuell sogar als Fruchtrute dienen könnten, kann man teilweise (mindestens aber ein Wasserschoss pro Bogrebe) belassen. Insofern sollten Arbeitskräfte, die diese Arbeit durchführen, auch Kenntnisse über den optimalen Stockaufbau bzw. den Rebschnitt haben.

Regional bzw. in einzelnen Betrieben wird auch ein mehrjähriger Zapfenschnitt im Drahtrahmen praktiziert. Der Stamm findet dann seine Verlängerung in Form eines Kordonarmes. Zur Vermeidung einer verdichteten Laubwand müssen die Wasserschosse auf dem Kordonarm weitestgehend manuell ausgebrochen werden. Eine Ausnahme bilden einzelne Wasserschosse, bevorzugt auf der Oberseite des Kordonarmes, die im Folgejahr als Zapfen dienen sollen. Oft kommt es beim mehrjährigen Zapfenschnitt zur sogenannten „Geweihbildung“ (einjähriger Zapfen auf zweijährigem Zapfen auf dreijährigem Zapfen ...). Das Fruchtholz steht immer höher und der Stockaufbau wird immer unübersichtlicher. Der Anschnitt von Wasserschossen unmittelbar auf dem Kordonarm ermöglicht dann die Entfernung derartiger Geweihe.

3.1.1.2 Ausbrechen am einjährigen Holz

Abhängig von Sorte und Wuchskraft können an Winteraugen neben dem Hauptauge auch 1 oder im Extremfall sogar 2 Beiaugen (Nebenaugen) austreiben und bilden dann sogenannte Doppeltriebe. Im Idealfall sollten für eine optimale Laubwandstruktur in Drahtrahmenanlagen je nach Sorte und Wuchskraft zwischen ca. 10 bis 12, max. 15 Triebe pro lfd. Meter vorhanden sein. In Abhängigkeit vom Anschnitt, insbesondere aber beim Austrieb einer größeren Zahl von Doppeltrieben muss daher auch auf der Bogrebe häufig eine Triebzahlkorrektur durch Ausbrechen –vorrangig von Trieben aus Beiaugen- durchgeführt werden.

Unter bestimmten Umständen kann auch ein weitergehendes Ausbrechen von Trieben auch aus Hauptaugen sinnvoll sein:

- Aus unterschiedlichen Gründen kann es dazu kommen, dass vor allem bei zur Engknotigkeit tendierenden Sorten die Bogrebe(n) den in Zeilenrichtung verfügbaren Platz bis zum nächsten Stock nur teilweise ausfüllen. Gründe können z. B. eine aus Ertragsüberlegungen oder wegen schwacher Wuchskraft bewusst gewählte geringe Augenzahl sein. Das Ergebnis ist dann eine ungleichmäßige Triebverteilung in der Laubwand mit dichten Zonen und größeren Lücken im Wechsel. Im Sinne einer möglichst gleichmäßigen Laubwandstruktur ist es dann sinnvoll, länger anzuschneiden um dann später einzelne Triebe in der Laubwand auszubrechen (Abb. 10). Da-

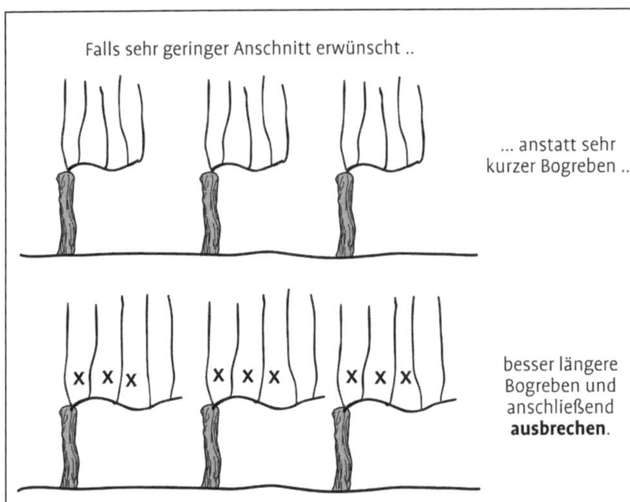

Abb. 10. Langes Fruchtholz und Ausbrechen einzelner Triebe (unten) führt zu einer gleichmäßigeren Triebverteilung als der Anschnitt sehr kurzer Bogreben (oben).

bei sind insbesondere diejenigen Triebe zu bevorzugen, die abwärts gerichtet ausgetrieben sind und sich dadurch schlechter heften lassen.

- Neben Doppeltrieben sollten insbesondere auch sogenannte „Kümmertriebe" bevorzugt entfernt werden. Dabei handelt sich um Triebe, die ein stark gemindertes Längenwachstum und oft dennoch einen normalen Gescheinsansatz aufweisen. Zumeist ist ihr gehemmtes Längenwachstum bereits im 5- bis 6-Blatt-Stadium gut erkennbar. Die Versorgung der Trauben an solchen Trieben erfolgt weitgehend durch Assimilate, die in anderen Trieben gebildet wurden, letztlich also auf Kosten anderer Trauben. Ein hoher Anteil an Kümmertrieben ist auch ein Indiz für eine Überlastung einer Anlage. In der Summe trägt die Entfernung von Kümmertrieben zur Steigerung der durchschnittlichen Traubenqualität bei.
- Zur besseren Fixierung der Bogrebe am unteren Biegdraht sollte sich hinter der Befestigung (Klammer, Bindedraht) noch ein Auge befinden. Dies vermindert das Risiko, dass aufgrund der Spannung der frisch gebogenen Rute diese aus der Bindung herausrutscht. Insbesondere dann, wenn die Biegdrahtabstände sehr groß sind, lässt sich der aus diesem endständigen Auge sich bildende Trieb (Schnabeltrieb) jedoch kaum zwischen die Heftdrähte einflechten oder er rutscht nach dem Heften wieder aus dem Heftdrahtpaar heraus. Er ragt dann in die Zeile, wird vom Laubschneider stark eingekürzt und wirkt aufgrund seines sehr ungünstigen BFV qualitätsmindernd. Tief stehende, in Zeilenrichtung orientierte Triebe, die vom Laubschneidern nicht erfasst werden, senken sich im Laufe ihres Wachstums zum Boden ab und können dann ein Problem beim Einsatz systemischer Herbizide darstellen, da sie vom Sprühstrahl getroffen werden können. Um all dies zu vermeiden, ist es besser, diese Triebe beim Ausbrechen komplett zu entfernen. Die

Entfernung dieser Triebe kann sich auch bei einem mechanischen Ausheben des Schnittholzes mit Systemen wie dem cane-pruner als äußerst vorteilhaft erweisen. Wenn der Unterbiegdraht in der von Bogrebe und Schnabeltrieb gebildeten V-förmigen Gabel liegt, kann es beim Hochziehen der Ruten je nach Vorschnitt zu hohen auf diesen Draht einwirkenden Zugkräften kommen.

- Getreu dem Motto „man kann Triebe nachträglich entfernen aber keine dranmachen" kann es auch sinnvoll sein, quasi auf Vorrat ein paar Augen mehr anzuschneiden als im Hinblick auf das Ertragsziel sinnvoll erscheint, um dann nach dem Austrieb einige Triebe wieder zu entfernen. Ein „Anschnitt auf Vorrat" verbunden mit der Option, im Bedarfsfall später einen Teil der Triebe auszubrechen (Triebzahlkorrektur) ist zwar ein Mehraufwand an Arbeit, hat aber auch einige Vorteile:
  Auf einem spätfrostgefährdeten Standort kann diese Strategie eine etwas größere Ertragssicherheit gewährleisten. Hat man Augen „auf Vorrat" angeschnitten, ist ein teilweiser Verlust durch Frost leichter zu verschmerzen. Ein Verzicht auf Ausbrechen wäre dann das Regulativ.
  In Jahren mit unterdurchschnittlichem Gescheinsansatz kann man auf das Ausbrechen verzichten und die volle Triebzahl belassen, in Jahren mit hoher Fruchtbarkeit kann man umgekehrt agieren – ein Beitrag zur Ertragskonstanz bzw. zur Ertragssteuerung.
  Bei Ausbrecharbeiten auf der Bogrebe sollte auch die Wuchskraft der Anlage im Auge gehalten werden. Die mit dem Ausbrechen verbundene vegetative und generative Entlastung wirkt wuchskraftfördernd. Bei einem „Anschnitt auf Vorrat" bildet die Option des nachträglichen Ausbrechens auch diesbezüglich ein Regulativ.
- Keinesfalls jedoch sollte eine Triebzahlkorrektur so weit gehen, dass Anlagen dadurch unterfordert sind. Bei geringen Gescheinszahlen kann es im Sinne einer Selbstregulation der Rebe zu übermäßig kompakten und schweren Trauben kommen. Unabhängig davon wären die vielfältigen Nachteile einer unterforderten, übermäßig stark wachsenden Rebe für die Weinqualität größer als die aus einem niedrigeren Ertrag zu erwartenden Vorteile (vgl. Kap. 3.3.1.1).

Das Ausbrechen erfolgt in der Regel in einem Zeitraum, der zwischen 2 und 4 Wochen nach dem Austrieb liegt. Bei einem zu frühen Ausbrechen treiben oft nachträglich noch Beiaugen oder weitere Wasserschosse aus, was eine nochmalige Nacharbeit erfordern kann. Bei einem zu späten Termin sind die Triebe bereits recht kräftig, so dass größere Wunden entstehen. Insbesondere in jüngeren Anlagen sollte daher bereits frühzeitig ausgebrochen werden. Treiben danach noch weitere Wasserschosse aus, können diese beim ersten Heften noch nachträglich entfernt werden.

Bei windbruchgefährdeten Sorten sollte beim Ausbrechen Zurückhaltung geübt werden. Dies gilt naturgemäß umso mehr, je windexponierter der Standort ist. In Extremsituationen ist es risikoärmer, wenn man vor der Blüte im Kopfbereich nur moderat und an der Bogrebe gar nicht ausbricht, um dann später (ca. ab Blüteende) überschüssige Triebe mit der Schere bündig abzuschneiden. Ungefähr ab diesem Zeitraum geht das Windbruchrisiko aufgrund der dann zunehmend geschlossenen Laubwand und der an der Basis beginnenden Verholzung der Triebe zurück.

3.1.2 Technik

3.1.2.1 Manuelles Ausbrechen

Beim manuellen Ausbrechen werden in der weinbaulichen Praxis mehrere Verfahren angewandt. Häufig werden die am Rebstamm befindlichen Wasserschosse mit einem Handschuh abgestreift. Erleichterungen bieten Ausbrecheisen, Ausbrechhacken, Ausbrechmesser und modifizierte Fassbürsten:

- Ausbrecheisen (Abb. 11) sind in der Praxis recht verbreitet. Sie besitzen einen kurzen Stiel mit einer Klinge. Die Wasserschosse am Stamm werden mit der Klinge nach unten abgedrückt.
- Weniger bekannt sind Ausbrechhacken (Abb. 12). Sie arbeiten mit einem Abstreifer an der Hacke, der die Wasserschosse entfernt, gleichzeitig kann mit der Hacke noch unerwünschter Bewuchs entfernt werden.
- Ausbrechmesser (Abb. 13) haben im Vergleich zu Ausbrecheisen einen längeren Stiel mit einer halbrund geöffneten Klinge am Ende, die am Stamm vorbeigezogen wird und die Wasserschosse abstreift.
- Auch mit Fassbürsten, die mit einem Stiel versehen werden, lassen sich kleinere Stocktriebe gut abstreifen. Aufgrund ihrer Länge entfällt bei Ausbrechmessern, -hacken und Bürsten das beschwerliche Bücken.

3.1.2.2 Mechanisches Ausbrechen (Stammputzer, Stockbürsten)

Ein maschinelles Entfernen der Wasserschosse ist mit Rebstammputzern bzw. Stockbürsten möglich. Das Ausbrechen erfolgt hierbei mit Hilfe von schmalen Gummilappen oder Kunststoffschnüren, die an einer vertikal rotierenden Welle befestigt sind und die Wasserschosse abschlagen.

Abb. 11. Ausbrecheisen.

Abb. 12. Ausbrechhacke.

Dabei wird das Gerät nicht aktiv in den Unterstockbereich geführt, sondern läuft an den Stöcken entlang und kann um wenige Zentimeter pendeln um Stammverletzungen zu vermeiden. Zur Anpassung an unterschiedliche Stammhöhen können die Geräte mit einer oder zwei lappenbesetzten Wellen ausgestattet werden. Die Welle(n) werden hydraulisch angetrieben.

Einsatz und technische Merkmale: Mit dem Einsatz von Stammputzern/Stockbürsten sollte rechtzeitig begonnen werden, d. h. wenn die Triebe eine Länge von 10 bis 20 cm erreicht haben. Ein früherer Termin erfordert mehr Nacharbeit, da viele Bodentriebe noch nachwachsen. Ist die Triebbasis bereits leicht verholzt, bleiben Stummel stehen, aus denen wieder Triebe austreiben können. Die Stämme sollten gerade sein und eine Mindesthöhe von 60 cm haben. Andernfalls leiden die Arbeitsqualität und die Arbeitsgeschwindigkeit. Ein positiver Nebeneffekt der Stammputzer/-bürsten ist eine Bodenbewuchs beseitigende Zusatzwirkung im Unterstockbereich.

Abb. 13. Ausbrechmesser mit langem Stiel.

Es ist von Vorteil, dass sich die Geräte gut mit anderen Bodenpflegegeräten wie Mulcher oder Grubber kombinieren lassen und auch die Bewuchsinseln am unmittelbaren Stammbereich erfassen. Allerdings werden nur krautige Pflanzen gut erfasst und beseitigt. Grashorste werden oft nur umgedrückt und richten sich nach wenigen Tagen wieder auf. Allerdings verschlechtert im Bereich um den Stamm vorhandener starker Unkrautbesatz das Arbeitsergebnis des Ausbrechens. Stammputzer können auch dazu genutzt werden, Erddämme im Unterstockbereich einzuebnen oder Rebholz in die Gassenmitte zu befördern. Ein weiteres Einsatzgebiet ist die Verwendung als Traubenbürste zur Ertragsregulierung und Entblätterung (vgl. Kap. 3.4.6.4). Hierfür bedarf es nur geringfügiger Umbaumaßnahmen.

Mit Stammputzern/Stockbürsten kann das Ausbrechen verkürzt und erleichtert werden, da das anstrengende Bücken entfällt. Dennoch bleibt es notwendig, im oberen Stammbereich, im Stockgerüst und in den Stammgabeln die Wasserschosse nach wie vor manuell zu entfernen. Dies gilt auch für Doppel- und Kümmertriebe auf der Bogrebe.

Durch die rotierenden Lappen oder Schnüre kann es auf trockenen Böden zu einer starken Staubentwicklung kommen. Um dieses Problem in Grenzen zu halten, sollten Stammputzer bei feuchtem Boden (z. B. morgens bei Tau oder nach Niederschlägen) gefahren werden bzw. sollte man den Bewuchs nicht unmittelbar an sondern knapp über der Bodenfläche abschlagen. Auch durch Benetzung des Bodens über

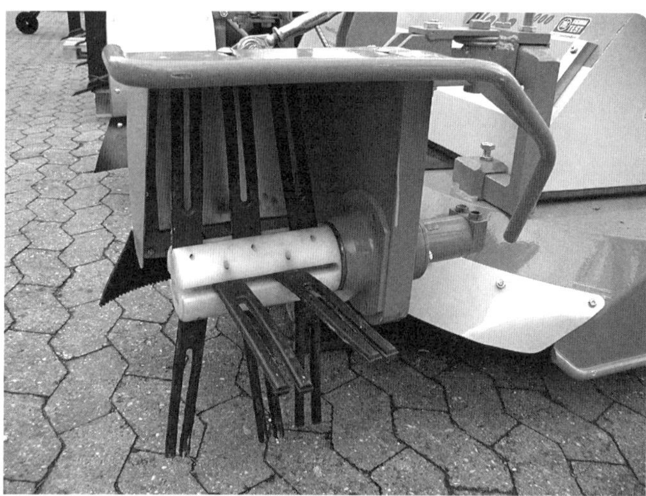

Abb. 14. Stammputzer mit Gummilappen.

Abb. 15. Rotorbürste überzeilig mit Gummischnüren.

ein Spritzgestänge am Stammputzer, das durch einen mitgeführten Pflanzenschutzbehälter mit Wasser versorgt wird, lässt sich die Staubentwicklung vermindern.

In der Regel wird das maschinelle Ausbrechen mit dem Mulchen oder einer Bodenbearbeitung der Gassen kombiniert, wobei eine maximale Fahrgeschwindigkeit von ca. 5 km/h möglich ist.

Eher ungeeignet ist der Einsatz von Stammputzern/Stockbürsten bei abgelegten Heftdrähten, da diese sich im Arbeitsbereich der Gummilappen bzw. Kunststoffschnüren befinden. Deshalb ist dieses Ausbrechverfahren häufig mit dem Einsatz von Heftdrahtfedern kombiniert, in denen die Heftdrähte dauerhaft verbleiben.

Stammverletzungen lassen sich beim Einsatz der Geräte nicht ganz vermeiden. Das Ausmaß lässt sich aber über Fahrgeschwindigkeit und Drehzahl beeinflussen und ist im Allgemeinen gering.

Nachgepflanzte oder bodennah zurückgeschnittene Reben (z. B. Stammrückschnitte bei Esca-Stöcken) müssen mit stabilen Pflanzrohren geschützt werden, da

Abb. 16. Überzeiliger Stammputzer.

sie beim Einsatz der Geräte leicht übersehen und geschädigt werden.

Anbau

Stammputzer/-bürsten können im Zwischenachsbereich, im Frontbereich oder am Heck angebaut werden. Auch ein beidseitiger Anbau an Grubber, Fräse, Scheibenegge oder Mulcher ist möglich. Arbeitstechnisch ist ein überzeiliger Frontanbau am sinnvollsten, da der Fahrer das Gerät und die maschinelle Ausbrecharbeit gut im Blickfeld hat und die Stämme beidseitig bei einer Durchfahrt ausgebrochen werden.

3.1.2.3 Chemisches Ausbrechen

Neben dem manuellen und maschinellen Ausbrechen ist seit 2006 auch ein chemisches Ausbrechen mit dem Mittel Shark (Wirkstoff Carfentrazoneethyl) möglich. Die pflanzenschutzrechtliche Situation (Stand: Dezember 2012) begrenzt bisher den Einsatz jedoch auf die Sorten Morio-Muskat, Chardonnay, Schwarzriesling und die Burgundersorten. Die Produktpalette wurde im Oktober 2012 durch das Präparat Quickdown (Wirkstoff Pyrafluflen) erweitert, dessen Einsatz bei den Rebsorten Dornfelder und Riesling zulässig ist. Eine Erweiterung des Einsatzspektrums auf weitere Rebsorten wird von den Zulassungsinhabern angestrebt

Die Mittel haben eine reine Kontaktwirkung, d. h. sie bringen nur die benetzten grünen Pflanzenteile zum Absterben. Ein Transport des Wirkstoffes in der Pflanze erfolgt nicht. Daher treten auch keine Folgeschäden an den Rebstöcken auf. Mit der Applikation auf die Wasserschosse kann gleichzeitig eine begrenzte herbizide Wirkung der Produkte zur Bewuchsbeseitigung im Unterstockbereich genutzt werden. Allerdings ist aufgrund der fehlenden Tiefenwirkung keine nachhaltige Unkrautunterdrückung gegeben. Die Wirkung der Produkte wird durch gute Belichtung der Wasserschosse verbessert. Beim Einsatz der Mittel sollte der unmittelbare Stammbereich von größeren Unkräutern, die eine optimale Benetzung der Wasserschosse beeinträchtigen oder diese schattieren könnten, frei sein. Dies setzt in der Regel eine vorherige chemische oder mechanische Unterstockbodenpflege voraus. Bei ausreichender Benetzung ist ein sicheres Absterben der Wasserschosse gegeben. Diese sollten beim Einsatz des Mittels eine Länge von ca. 2 bis maximal 15 cm haben. Auch längere Wasserschosse sterben bei guter Benetzung ab, es bleiben dann aber Triebstummel am Stamm, die verholzen. In Anlagen mit starker Stocktriebbildung wird häufig das Splittingverfahren angewandt, d. h. zweimalige Behandlung mit jeweils reduzierter Aufwandmenge. Bei sachgerechter Applikation und Terminierung ist das chemische Ausbrechen qualitativ mit dem manuellen Ausbrechen vergleichbar und besser als die Arbeit von Rebstammputzern/Stockbürsten zu bewerten.

Abb. 17. Wirkung des chemischen Ausbrechens auf die Stammtriebe.

Voraussetzung für die Applikation sind abdriftmindernde Düsen sowie ein Spritzschirm zum Schutz vor Drift. Realisierbar ist die Ausbringung mit verschiedenen Techniken:

- Die Applikation mit der Rückenspritze oder einer Schlauchleitung mit angeschlossener Spritzpistole findet vorwiegend in Seilzulagen ihre Anwendung. Allerdings können auch herkömmliche Pflanzenschutzgeräte zu einer Schlauchspritze umgebaut werden. Dafür sind lediglich die beiden Schläuche unterhalb der zwei Teilbreitenhebel zu entfernen und durch zwei Schlauchlei-

Abb. 18. Abdriftschäden durch unsachgemäßen Einsatz von Shark.

tungen mit angeschlossenen Spritzpistolen zu ersetzen. Die eine Spritzpistole kann bei langsamer Fahrt vom Schlepperfahrer bedient werden, für die andere Spritzpistole ist eine zweite Person erforderlich.

- Die einfachste Möglichkeit ist die Nutzung herkömmlicher Bandspritzgeräte (Abb. 19). Dafür sind nur geringfügige Veränderungen erforderlich. Neben dem Anbringen eines Spritzschirms muss die Düsenanordnung (Winkel der Düsenhalterung) verändert werden. Um den gesamten Stammbereich sicher mit Spritzbrühe abzudecken, sind pro Spritzschirm zwei in Höhe und Ausrichtung verstellbare Düsenstöcke empfehlenswert. Da die Geräte halboffen sind, ist unter Windeinwirkung eine Drift nicht vollständig auszuschließen (Abb. 18). Deshalb sollten sie nur bei Windstille gefahren werden. Durch Anbau einer Punktspritzeinrichtung kann die Applikation – sofern gewünscht – nur an den Stämmen erfolgen.
- Die sicherste Applikation ist mit Tunnelspritzgeräten (Abb. 20) gegeben, weshalb sie für das chemische Ausbrechen besonders geeignet sind. Sie bestehen aus zwei Wänden, die auf der Innenseite mit je zwei Injektor- oder Antidriftdüsen bestückt sind. Die Wände, die als Abschirmkasten fungieren, sind an einem Überzeilenrahmen an der Schlepperfront schwenkbar aufgehängt. Für die Abdichtung nach oben und nach der Seite sorgen elastische Bürsten, die bei manchen Herstellern noch mit Kunststofflappen abgedeckt sind, damit keine Brühetropfen durch die zurück-

Abb. 19. Umgerüstetes Bandspritzgerät (halboffenes System) für das chemische Ausbrechen.

Abb. 20. Tunnelspritze beidseitig überzeilig für das chemische Ausbrechen.

Abb. 21. Tunnel mit Aufsattel-Brühebehälter im Einsatz.

schnellenden Bürstenhaare in die Laubwand geschleudert werden können. Zum Boden hin ist das Gerät ebenfalls mit Kunststofflappen abgedichtet. Die Brühe wird wie bei einem konventionellen Herbizidgerät an einem Behälter am Heck (Abb. 21) mittels einer Pumpe den Düsen zugeführt. Für ein sicheres Fahren sind Führungsschienen am Tunnel vorteilhaft. Einige Hersteller bieten zusätzlich eine Punktspritzeinrichtung mit optischem Sensor oder hydraulischem Taster an, was ein Spritzen nur an den Stämmen ermöglicht und den Brüheaufwand reduziert.

Düsen: Beim chemischen Ausbrechen ist neben einer grobtropfigen Applikation auch eine gleichmäßige Vertikalverteilung über die Arbeitshöhe wichtig. Die Arbeitsqualität wird durch ein sogenanntes „rechteckiges Spritzbild" begünstigt, d. h. der Brüheausstoß ist über die gesamte Benetzungsbreite gleichmäßig hoch und fällt am Rand des Spritzbalkens nicht ab. Neben Bandspritzdüsen (E-Düsen) erfüllen Injektor-Hohlkegeldüsen diese Voraussetzung am besten. Für das chemische Ausbrechen sind die Kaliber 015, 02, 025 oder 03 ausreichend. Wichtig für eine erfolgreiche Behandlung ist die richtige Einstellung und Positionierung der Düsen. Sie muss sich an den Gegebenheiten der Rebanlage orientieren und visuell vorgenommen werden. Der Druck sollte bei Injektor-Hohlkegeldüsen bei 3 bis 5 bar liegen. Ausnahme ist die AirMix HC, eine grobtropfige Niederdruck-Injektor-Hohlkegeldüse, die schon ab 1,5 bar einsetzbar ist.

Auch der Einsatzzeitpunkt ist zu beachten. Die Wirkung verschlechtert sich mit zunehmender Trieblänge, deshalb sollten die Wasserschosse bei der Anwendung maximal 15 cm lang sein.

Driftschäden durch unsachgemäßen Einsatz der Mittel sind im Weinbau nicht selten (Abb. 18). Ursachen hierfür sind die Verwendung zu feintropfiger Düsen, die Applikation ohne Spritzschirm und/oder die Applikation bei zu starkem Wind. Die Driftschäden verursachen meist nekrotische Flecken an den Blättern, Blattstielen und Gescheinen. Bei starker Benetzung kommt es jedoch zur vollständigen Nekrotisierung von Trieben und zum Absterben derselben. Die Stöcke werden zwar nicht nachhaltig geschädigt, aber starke Driftschäden können durch Absterben von Trie-

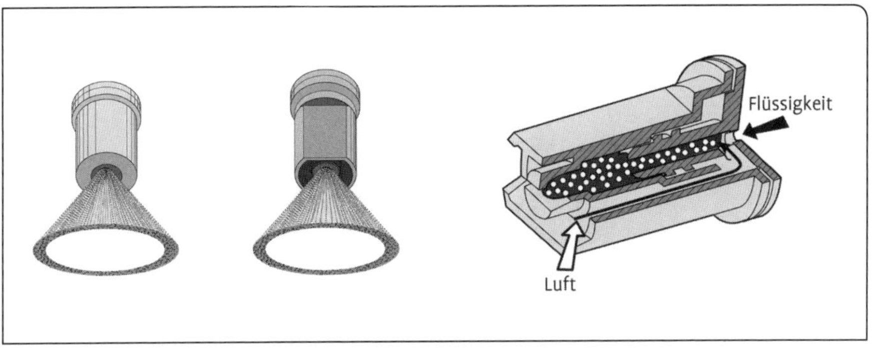

Abb. 22. Geeignete Düsen für das chemische Ausbrechen, links: Injektor-Hohlkegeldüse, Mitte: Injektor-Hohlkegelkompaktdüse AirMix, rechts: Querschnitt und Luftansaugsystem einer AirMix-Düse.

ben und/oder Gescheinen zu beträchtlichen Ertragseinbußen führen.

3.1.3 Kosten und Arbeitswirtschaft

Auch bei Nutzung der beschriebenen Mechanisierungsverfahren kann auf das Ausbrechen von Hand nicht ganz verzichtet werden, da der obere Stammbereich und der Stammkopf nicht erfasst werden und auch Doppel- und Schwachtriebe auf der Bogrebe nur manuell ausgebrochen werden können. Die erreichbare Zeiteinsparung beschränkt sich daher auf die am Rebstamm durchzuführenden Ausbrecharbeiten. Bei Sorten mit üppiger Wasserschossbildung (z. B. Silvaner, Burgundersorten) ist die Einsparung deutlich höher als bei Sorten mit gegenteiligem Verhalten (z. B. Portugieser). Darüber hinaus bietet das maschinelle bzw. chemische Ausbrechen auch eine Arbeitserleichterung, da weniger in gebückter Haltung gearbeitet werden muss.

Die Ermittlung der Arbeitszeiten und Kosten bei den unterschiedlichen Verfahren gestaltet sich schwierig. Beim manuellen Ausbrechen ist der Zeitaufwand sehr stark von der rebsortenabhängigen Neigung zur Wasserschossbildung abhängig. Bei den technischen Verfahren sind i. d. R. noch Nacharbeiten am Stammkopf erforderlich. Meist ist ein mehrmaliges Ausbrechen notwendig, wobei es häufig zu einer Kombination aus maschinellem bzw. chemischem und manuellem Ausbrechen kommt, z. B. erstes Ausbrechen maschinell oder chemisch, zweites Ausbrechen manuell. Zudem werden in der Praxis manuelle Ausbrecharbeiten oft noch mit dem ersten Heftgang kombiniert.

Tab. 3 zeigt einen Systemvergleich der verschiedenen Ausbrechverfahren. In der Aufstellung ist nur ein einmaliger Arbeitsgang bilanziert. Das manuelle Ausbrechen beinhaltet das Entfernen der Triebe am Stamm- und am Stammkopf, während die technischen Verfahren auf das Ausbrechen am Rebstamm beschränkt sind. Eventuell anfallende Nacharbeiten sind bei diesen Verfahren demnach noch nicht berücksichtigt. Sie sind nur schwer bilanzierbar, insbesondere dann, wenn ohnehin ein weiterer Arbeitsgang erforderlich ist, der manuell durchgeführt wird. Für das manuelle Ausbrechen werden pro Durchgang, in Abhängigkeit von der Stocktriebbildung der Reb-

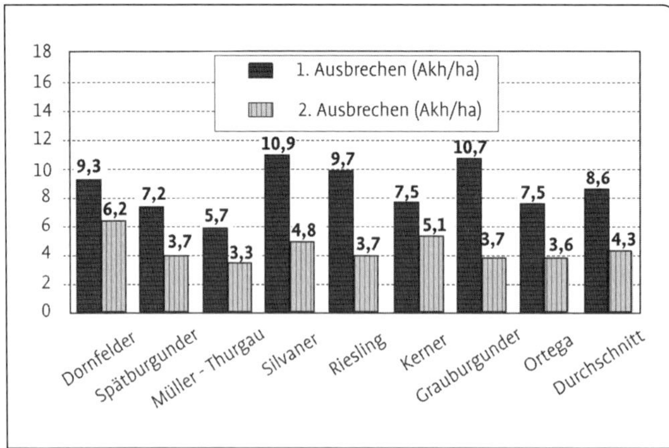

Abb. 23. Arbeitszeiten beim Ausbrechen in Abhängigkeit von der Rebsorte.

***Tab. 3.** Systemvergleich der verschiedenen Ausbrechverfahren (1 Arbeitsgang, 2 m Gassenbreite, 1,20 m Stockabstand)*

	Manuelles Ausbrechen		Stammputzer einseitig		Stammputzer überzeilig		Tunnelspritze einseitig		umgerüstete Bandspritze
	(Stamm + Stammkopf)		(nur Stammbereich)						
Arbeitszeit [h/ha]	4–10 [1]		3,5		2		1,5		1,5
Arbeitskosten Aushilfskraft 8 €/h Fachkraft 15 €/h	Aushilfskr. 32–80	Fachkr. 60–150	52,5		30		22.5		22.5
Schlepperkosten 25 €/h (var. und fest)			87,5		50		37,5		37,5
Mittelkosten [€/ha]							28		28
Var. Gerätekosten [€/ha]			7		7		3		2
			10 ha	20 ha	10 ha	20 ha	10 ha	20 ha	----
feste Gerätekosten [€/ha] [2]			38	19	87	44	45	23	
Summe Kosten [€/ha]	32–80	60–150	185	166	174	131	136	114	90

1) Die Arbeitszeit ist abhängig von der Wasserschossbildung und variiert stark zwischen den Rebsorten
2) Anschaffungskosten Stammputzer einseitig 2800 €, Stammputzer überzeilig 6700 €, Tunnelspritze 3300 €. Es wird unterstellt, dass Hubmast, Brühebehälter incl. Armatur und Bandspritze im Betrieb vorhanden sind. Für diese Teile werden keine festen Kosten veranschlagt. Nutzungsdauer der Geräte 10 Jahre. Zinssatz 5 %, unterstellte jährliche Einsatzfläche 10 bzw. 20 ha.

sorte, 4 bis 10 Akh/ha benötigt. Können für diese Arbeit preiswerte Aushilfskräfte eingesetzt werden, ist sie kostengünstiger durchzuführen als mit den technischen Verfahren. Die Nutzung technischer Verfahren ist insbesondere dann interessant, wenn im Betrieb die Arbeitszeit knapp ist und Facharbeitskräfte für das Ausbrechen herangezogen werden müssen. In diesem Fall können die technischen Verfahren günstiger sein, wobei immer auch eine eventuelle Nacharbeit von Hand eingeplant werden muss, was sich dann wieder verteuernd auswirkt. Am kostengünstigsten ist es, wenn man bereits vorhandene Geräte nutzen kann. Deshalb schneidet in einem Systemvergleich (Tab. 3) die Bandspritze bei den technischen Verfahren am günstigsten ab. Sie kann ohne großen Investitionsbedarf und mit geringem Umbauaufwand zum chemischen Ausbrechen eingesetzt werden. Allerdings birgt sie auch ein größeres Driftrisiko als Tunnelspritzgeräte. Bei den Verfahren mit Stammputzern besteht die Möglichkeit der Kombination mit einem Bodenpflegegerät für die Gassen, wie Mulcher oder Grubber. Damit kann bei der Bodenpflege ein Arbeitsgang eingespart werden, wodurch Arbeitskosten und variable Schlepperkosten von rund 30 €/ha bei Pflege jeder Zeile bzw. 15 €/ha bei Pflege jeder zweiten Zeile (jede zweite Zeile begrünt bzw. bearbeitet) eingespart werden können. Dieses Einsparpotenzial wurde bei der Kostenberechnung nicht berücksichtigt.

3.2 Heftarbeiten

3.2.1 Weinbauliche Bedeutung

Wenn die Triebe eine Länge von etwa 50 cm erreicht haben, was meist ungefähr bis Ende Mai der Fall ist, beginnen bei den verschiedenen Formen der Drahtrahmenerziehung die Heftarbeiten. Im Gegensatz zu den anderen in diesem Buch erörterten Arbeiten ergibt sich aus biologischer Sicht bei dieser Arbeit wenig Gestaltungsspielraum. Umso vielfältiger sind die Variationsmöglichkeiten hinsichtlich der Technik und der Arbeitswirtschaft.

Heftarbeiten sind notwendig, da sich andernfalls die Triebe längs oder quer zur Zeilenrichtung umlegen oder gar abbrechen würden. Obwohl die Rebe eine rankende Pflanze ist, reicht ihr Rankvermögen nicht aus, um selbständig so an den Heftdrähten hoch zu wachsen, dass sich das erwünschte gut besonnte und schlanke Spalier von Rebtrieben ergibt. Letzteres begünstigt eine gute Belichtung und Belüftung der vorhandenen Blattmasse und Trauben. Dies begünstigt nicht nur die Photosyntheseleistung der vorhandenen Blätter sondern auch den Gesundheitszustand der Trauben.

Allerdings ist das Rankvermögen der Rebsorten unterschiedlich stark ausgeprägt. Bei schlecht rankenden Sorten ist eine sorgfältige und termingerechte Erledigung der Heftarbeiten daher besonders wichtig. Bei einigen alternativen Erziehungsformen (z. B. Minimalschnittsysteme, Umkehrerziehung, Vertikoerziehung) ist ein Heften nicht erforderlich.

3.2.2 Technik

3.2.2.1 Manuelles Heften mit beweglichen Heftdrahtpaaren und/oder fest platzierten Drähten

In der weinbaulichen Praxis wird das Heften meist noch manuell durchgeführt. In Abhängigkeit von der Drahtrahmengestaltung haben sich verschiedene Heftverfahren entwickelt, wobei auch regionale Unterschiede anzutreffen sind.

Die optimale Anordnung der Drähte hängt sehr stark von der Rankfähigkeit und dem Wuchsverhalten der Rebsorte, sowie der Windeinwirkung auf dem jeweiligen Standort ab. Zunehmend bestimmen arbeitstechnische Gesichtspunkte die Heftarbeiten. Aus diesem Grund hat sich beim manuellen Heften das Arbeiten mit beweglichen Heftdrahtpaaren durchgesetzt, wobei in der Praxis verschiedene Arbeitstechniken anzutreffen sind.

In den meisten Betrieben werden nach der Lese die Heftdrähte (i. d. R. das untere Paar) aus den Hefthaken gehoben und an jedem dritten bis fünften Pfahl auf Stammhöhe in Haken eingehängt. Ein Ablegen der Drähte auf den Boden, ohne sie einzuhängen, wird seltener praktiziert, da in diesem Fall die Drähte das Rebholzhäckseln und Maßnahmen der Frühjahrsbodenbearbeitung beeinträchtigen können. In Winterbegrünungen können sie einwachsen, wodurch das spätere Hochhängen erschwert wird. Um das Ablegen zu erleichtern, werden Heftkettchen, sofern vorhanden, vorher gelockert. Bei festen Drahtverankerungen am Endpfahl entfällt die Lockerung der Heftdrähte. In diesem Fall können die Heftdrähte straff nach unten gedrückt und in eine untere Heftstation eingehängt werden. Zu Beginn des Heftgangs müssen die losen Drähte wieder gespannt werden, damit sie nicht durchhängen (Anziehen der Heftkettchen oder Nachspannen mit fein justierbaren Drahtspannern).

Weniger verbreitete Variationen beim Arbeiten mit zwei Heftdrahtpaaren sind das Hochhängen des unteren Drahtpaares in eine obere Station zu dem oberen Drahtpaar oder das Ablegen beider Heftdrahtpaare. Das Hochhängen des unteren Drahtpaares wird häufig in Betrieben praktiziert, die mit dem Vorschneider den oberen Drahtbereich frei schneiden und offene Hakensysteme haben. Nach dem Vorschneidereinsatz wird das Heftdrahtpaar in die zweitoberste Station gehängt. Vor dem ersten Heften werden die Drähte mit Schwung aus den Haken geworfen, was bei offenen Hefthaken recht gut funktioniert. Das Ablegen beider Heftdrahtpaare erfolgt häufig mit Hilfe von Drahtablegegeräten. Dafür sind ebenfalls nach oben offene Hakensysteme, aus denen sich die Drähte selbständig unter Zug aushängen, vorteilhaft. Ist dies nicht der Fall, müssen die Drähte vorher von Hand aus den Halterungen genommen werden. Der große Vorteil dieses Verfahrens besteht darin, dass nach dem Ablegen beider Drahtpaare das zu entfernende Altholz frei steht und sich leicht und zügig ausheben lässt. Nachteilig ist, dass das Altholz nach Ablegen beider Heftdrahtpaare keinen Halt mehr hat und es unter Windeinwirkung leicht in die Zeile kippt. Deshalb sollte der Rebschnitt nach dem Ablegen der Heftdrahtpaare zügig durchgeführt werden. Weiterhin besteht bei zwei abgelegten Heftdrahtpaaren die Gefahr, dass diese beim späteren Heften vertauscht werden, was dann zu Drahtverschränkungen führt. Deshalb müssen die abgelegten Drahtpaare klar getrennt sein. Ideal ist die Verwendung von farbigem Draht (z. B. Crapal Color). Damit sind Verwechslungen ausgeschlossen. Ferner muss beachtet werden, dass beim Abreißen der Ranken durch das Drahtablegegerät Zugkräfte auf die Drähte wirken, die sich bis zum Endpfahl fortsetzen. Dadurch ergeben sich Belastungen auf die Heftkettchen bzw. die Hefthaken oder Kettennägel am Endpfahl. Diese können unter den Spannungen leicht abreißen. Deshalb werden in der Regel die Heftdrähte am Endpfahl fest installiert und mit Drahtspannern zum Nachspannen versehen.

In den meisten Betrieben werden die Heftdrähte, spätestens wenn sie in der endgültigen Heftstation eingehängt sind, zwischen den Pfählen zusammengeklammert. Dadurch halten die Heftdrähte enger zusammen, was zu einer bessere Fixierung der Triebe beiträgt und verhindert, dass sie unter stärkerer Windeinwirkung wieder aus dem Drahtrahmen gerissen werden. Außerdem wird das senkrechte Wachstum der Triebe nach oben begünstigt. Geklammert werden sollte insbesondere dort, wo die Drähte ansonsten weit auseinander stehen oder die Triebe aufgerichtet werden sollen. Zur Klammerung werden spezielle Heftklammern oder lösbare Bindedrähte eingesetzt. Beim Ablegen der Drähte werden dauerhafte Bindungen (z. B. Kunststoffklammern) gelöst und entweder eingesammelt oder sofern sie mit einer Drahthalterung versehen sind, verbleiben sie an einem Draht. Einwegbindungen (z. B. Bindedrähte oder verrottbare Klammern) werden beim Ablegen der Drähte aufgerissen und verbleiben im Weinberg.

Umständliche Heftmethoden, die oft noch nach traditionellem Muster durchgeführt werden, gehören der Vergangenheit an. Nachfolgend werden die gebräuchlichsten Heftverfahren beschrieben.

Ein bewegliches Heftdrahtpaar und zwei oder drei fest platzierte obere Rankdrähte: Dieses System eignet sich besonders für die Flachbogenerziehung oder einen sehr flachen Halbbogen (10 bis 15 cm Biegdrahtabstand) in Verbindung mit aufrecht wachsenden und gut rankenden Rebsorten (z. B. Riesling, Scheurebe, Traminer, Müller-Thurgau).

Die Triebe stehen beim ersten Heften annähernd auf gleicher Höhe und können sich beim weiterem Wachstum an den festen Drähten festranken. Diese Drahtanordnung ist deshalb in Steillagengebieten mit einem hohen Rieslinganteil noch recht verbreitet. Die festen Drähte sind entweder auf der windabgewandten Seite der Pfähle oder versetzt angeordnet. In der Regel wird das Heftdrahtpaar nach der Lese abgelegt und beim ersten Heften werden die Drähte in eine untere Heftstation gehängt. Dabei werden die Triebe zwischen dem Drahtpaar fixiert.

Für den zweiten Heftvorgang gibt es in der Praxis unterschiedliche Vorgehensweisen. Bei niedrigen Laubwänden (Pfahlhöhen) verbleibt das Heftdrahtpaar meist in der unteren Station und die Triebspitzen werden zwischen den festen Rankdrähten eingeschlauft. Bei höheren Laubwänden wird das Heftdrahtpaar im Drahtrahmen nochmals ca. 20 bis 30 cm höher gehängt, wodurch in die Gasse hängende Triebspitzen eingeheftet werden. Längere Triebe werden zusätzlich zwischen den starren Rankdrähten eingeschlauft.

Bei diesem System sind in der Regel zwei Heftgänge ausreichend. Nachteilig ist allerdings beim Rebschnitt das mühselige und zeitaufwändige Entfernen des Altholzes. Da die fest installierten Drähte nicht abgelegt werden können, müssen die an diesen Drähten festgerankten Triebe mit größerer körperlicher Anstrengung von Hand abgerissen werden oder die Ranken müssen einzeln mit der Schere an den Drähten abgeschnitten werden. Beides erfordert einen erhöhten Zeitaufwand und bedeutet eine stärkere physische Belastung der Arbeitspersonen. Bei diesem Drahtsystem bringt deshalb ein Vorschneider oder Entranker, der den oberen Drahtbereich frei schneidet oder entrankt eine deutliche Erleichterung und Zeitersparnis.

Zwei bewegliche Heftdrahtpaare ohne Rankdrähte: Der gängige Drahtrahmen in den Direktzuglagen besteht aus zwei Heftdrahtpaaren ohne feste Drähte. Dieses System erlaubt ein recht rationelles Heften und ist für alle Formen der Bogenerziehung geeignet. Auch weniger aufrecht

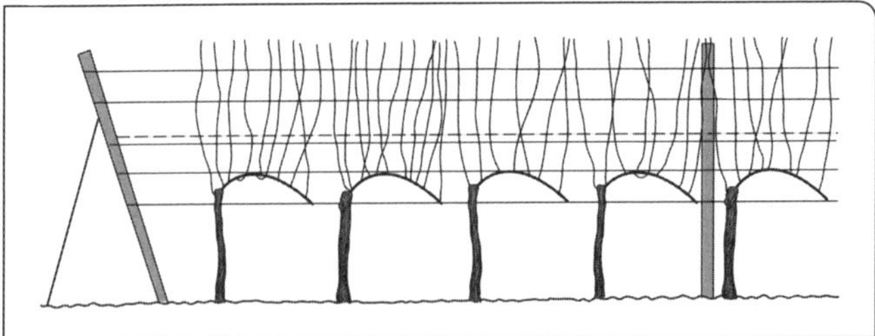

Abb. 24. Drahtrahmen mit einem beweglichen Heftdrahtpaar und zwei festen oberen Rankdrähten.

wachsende Rebsorten können damit recht gut aufgeheftet werden. Die Triebe wachsen zwischen dem Drahtrahmen nach oben und werden von ihm nach außen abgestützt. Da die Drähte mit fortschreitendem Triebwachstum stetig von unten nach oben gezogen werden, bezeichnet man sie auch als „Wanderdrähte". Werden die Heftdrähte lediglich höher gehängt, können die Drähte auf der von der Arbeitskraft abgewandten Laubwandseite mitgenommen werden, indem man durch die Laubwand hindurchgreift. Dadurch lassen sich bei einem Arbeitsgang bis zwei Zeilen komplett heften. Mit dem Höherhängen der Drähte werden auch die Ranken abgerissen, weshalb es bei dieser Heftmethode, im Vergleich zum Heften mit festen Drähten, zu einer deutlich geringeren Verrankung kommt. Vorteilhaft ist dieser Drahtrahmen deshalb auch beim Ausheben des Altholzes. Zusätzlich wird der Rebschnitt noch durch das Ablegen eines oder gar beider Heftdrahtpaare erleichtert und beschleunigt. Nachteilig ist, dass bei den heute üblichen Laubwandhöhen i. d. R. drei Heftgänge erforderlich sind. Auch bei diesem System gibt es in der Praxis verschiedene Vorgehensweisen:

a) Beim ersten Heftvorgang wird zuerst mit dem oberen Heftdrahtpaar geheftet. Dazu wird es nach dem Biegen oder unmittelbar vor dem Heftgang aus den Drahthalterungen geworfen und abgelegt. Beim ersten Heften wird es zunächst in die untere Heftstation über dem Biegdraht eingehängt. Sind die Triebe weitgehend aus der ersten Station herausgewachsen, erfolgt das zweite Heften, indem das bereits geheftete obere Drahtpaar in die nächste Heftstation nach oben gesetzt wird. Gleichzeitig wird das untere, noch abgelegte Drahtpaar in die erste, jetzt frei gewordene, Station nachgezogen. Dabei kann es mit Klammern fixiert werden. Durch diese Arbeitsweise können auch beim ersten Heften nicht eingeschlaufte Triebe (z. B. Schnabeltriebe) noch geheftet werden, weshalb sich dieses Heftverfahren gut für die Halb- und Pendelbogenerziehung eignet. Beim dritten Heftgang wird das obere Heftdrahtpaar in die höchste Heftstation gehängt und i. d. R. zwischen den Pfählen zur Stabilität der Laubwand geklammert. Bei Bedarf kann das untere Heftdrahtpaar dabei eine Station höher gehängt werden.
b) Eine andere Variante besteht darin, dass beim ersten Heften das untere Heftdrahtpaar in die erste Heftstation gehängt wird. Bei diesem Vorgang werden beim Zurückgehen in der Zeile die Heftdrähte zwischen den Pfählen mit Klammern fixiert und das obere Heftdrahtpaar wird abgelegt. Beim zweiten Heften wird das abgelegte Drahtpaar

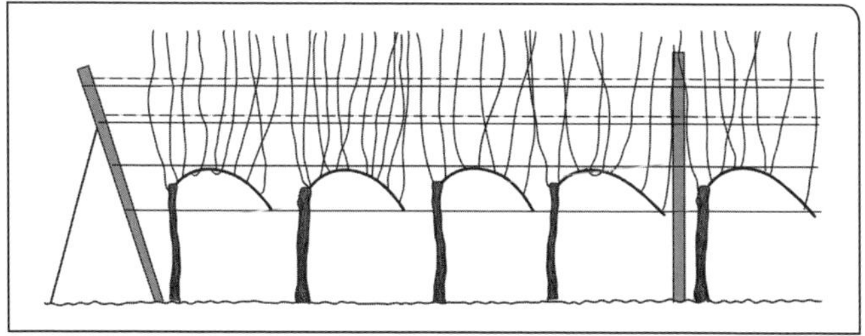
Abb. 25. Drahtrahmen mit zwei beweglichen Heftdrahtpaaren.

in die zweite Heftstation eingehängt. Alternativ kann auch das untere Paar eine Station höher und das abgelegte Paar in die untere Station gehängt werden. Beim dritten Heften wird das obere Paar in die höchste Station gehängt.

c) Eine dritte Möglichkeit besteht darin, dass beim ersten Heftgang beide Heftdrahtpaare eingehängt werden. Das untere Drahtpaar wird in der Bogenmitte (zwischen den beiden Biegdrähten), das obere über dem zweiten Biegdraht geheftet. Dadurch sind nahezu alle Triebe fixiert und stabilisiert. Beim zweiten Heften werden die Drahtpaare eine Station höher gehängt. Beim dritten Heften wird das obere Paar in die höchste Station geheftet und bei Bedarf mit Klammern fixiert.

Zwei bewegliche Heftdrahtpaare mit einem fest platzierten Rankdraht: Bei diesem System ist ein fester, auf der windabgewandten Seite befestigter Rankdraht entweder zwischen den beiden Heftdrahtpaarstationen (Abb. 26) oder oberhalb der oberen Heftdrahtpaarstation (Abb. 27) angebracht. Der Drahtrahmen ist eine Kombination aus den bereits beschriebenen zwei Systemen. Er ist für alle Formen der Bogenerziehung und sortenspezifische Wuchseigenschaften geeignet.
Nachteilig ist, im Vergleich zu dem System mit nur zwei beweglichen Drahtpaaren, das aufwändigere Rausziehen des Altholzes aufgrund des festen Drahts. Auch bei diesem System bringt ein maschineller Vorschnitt bzw. ein maschinelles Entranken arbeitswirtschaftliche Vorteile. Der Heftvorgang entspricht weitgehend der oben beschriebenen Variante b). Bei gut

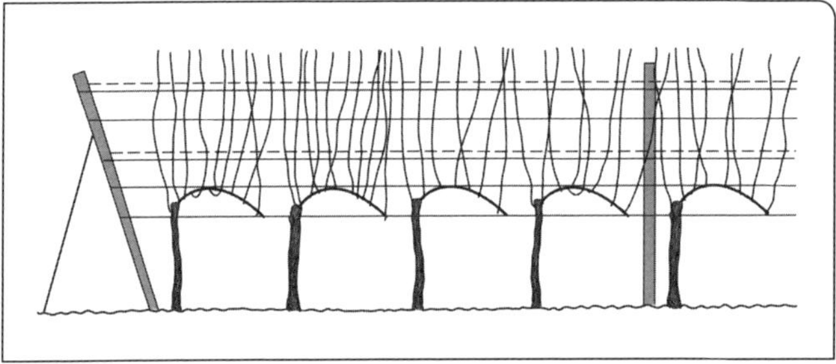

Abb. 26. Drahtrahmen mit zwei beweglichen Heftdrahtpaaren und einem festen Rankdraht zwischen den beiden Heftdrahtpaaren.

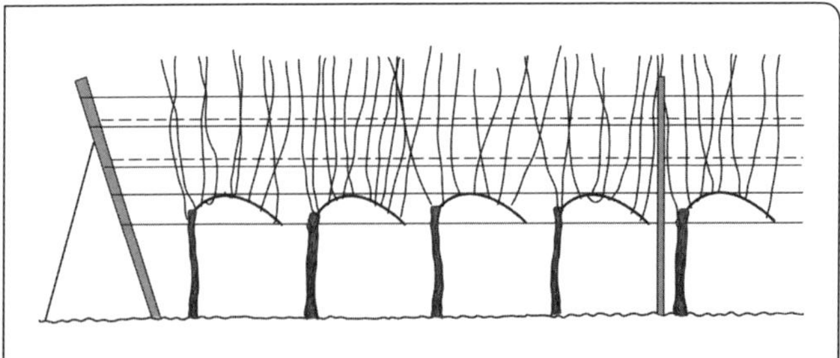

Abb. 27. Drahtrahmen mit zwei beweglichen Heftdrahtpaaren und einem oberen festen Rankdraht.

rankenden und aufrecht wachsenden Rebsorten sind bei diesem System i. d. R. zwei Heftgänge ausreichend.

3.2.2.2 Manuelles Heften mit Heftdrahthaltern und Heftdrahtfedern

Bereits Ende der 60er Jahre wurden Querjoche zum Hochlegen der Heftdrähte in die Weinberge eingebracht, um einen problemlosen Einsatz von Stockräumgeräten zu gewährleisten. Dabei erkannte man, dass die Querjoche auch arbeitswirtschaftliche Vorteile bringen können. Mittlerweile werden eine Reihe verschiedener Typen mit unterschiedlichen Bezeichnungen, wie Abstandhalter, Ausleger, Heftdrahtfeder oder Heftdrahthalter auf dem Markt angeboten, die sich in Funktion und Material unterscheiden (Tab. 4). Sie dienen dazu, die beweglichen Heftdrähte vor dem Heften auf einen Zwischenraum von etwa 30 bis 40 cm auseinander zu spreizen, damit die Triebe in den Zwischenraum einwachsen können und gleichzeitig einen guten Halt finden. Haben die Triebe eine ausreichende Länge erreicht und sind möglichst alle durch die Heftstation hindurch gewachsen, werden die Halter bzw. Federn entweder hochgeklappt oder von der horizontalen Ausrichtung in die Vertikale auf den Pfahl gedreht.

Von der Funktion her unterscheidet man zwischen Ausführungen mit zwei hochklappbaren Bügeln und Haltern (Ausleger) mit einem festen drehbaren Bügel.

- Bei klappbaren Heftdrahthaltern (Abb. 30) verbleiben die Heftdrähte nach dem Hochklappen der beiden Bügelarme i. d. R. in den Bügelaufhängungen. Zusätzlich können sie aber noch in die Pfahlhaken eingehängt werden. Damit wird sichergestellt, dass die hochgeklappten Bügelarme zusammenhalten und nicht auseinanderspreizen. Diese Gefahr besteht, wenn die Heftdrähte durch den Druck der Laubwand auseinander gedrückt werden. Bei Ausführungen mit einer Schließvorrichtung an der Bügelaufhängung, wie sie häufig bei Heftdrahtfedern vorhanden ist, kann das Einhängen der Drähte in die Pfahlhaken entfallen. Abgesehen von Heftdrahtfedern ist bei den klappbaren Ausführungen auch ein einfaches Aushängen der Heftdrähte möglich, falls die Drähte in eine andere Heftposition gebracht werden sollen.
- Bei drehbaren Haltern (Abb. 3.1) werden beim Heften die waagerecht ausgerichteten Halter senkrecht auf den Pfahl gedreht und dabei die Heftdrähte aus den Halteraufhängungen genommen und in die gewünschte Hakenposition am Pfahl eingehängt. Wichtig ist, dass

Abb. 28. Heftdrahtfedern geöffnet.

beim Heften die Halter in senkrechte Stellung zum Pfahl gebracht werden und nicht in die Gasse abstehen, damit es nicht zu Störungen beim Laubschnitt oder Entlauben kommt.

Sollen die Heftdrähte vor dem Rebschnitt auf den Boden abgelegt werden, so werden Heftdrahthalter eingesetzt, die ein leichtes Aushängen der Heftdrähte erlauben. Beim Biegen oder Ausbrechen kann man die Halter wieder in die waagerechte Position bringen und die Heftdrähte wieder in die Halteraufhängungen einhängen. Bei Heftdrahtfedern muss nur der Verschluss gelöst werden um die Federn in die Heftposition zu bringen.

Bei den meisten Fabrikaten von Heftdrahtfedern müssen die Drähte in den Bügelaufhängungen (Federösen) verbleiben, da die Ösenkonstruktionen kein einfaches Aushängen ermöglichen (s. Tab. 4).

Dies ist besonders beim Ausheben des Altholzes ein Hindernis und führt zu einer Arbeitserschwernis. Auch beim Biegen können die Drähte hinderlich sein. Dafür wird aber das Ablegen der Drähte eingespart, wodurch der erhöhte Zeitaufwand beim Rebschnitt und Biegen teilweise wieder ausgeglichen wird. Häufig sind Heftdrahtfedern mit einer Schließklammer (Haken an einer Öse) ausgestattet, die ein schnelles und sicheres Verschließen gewährleistet und das Einhängen der Drähte in die Hefthaken des Pfahls erübrigt. Ist dies nicht der Fall, werden die Drähte zusätzlich in den Pfahlhaken fixiert. Eine Ausführung, die durch ihre besondere Ösenkonstruktion ein problemloses Ein- und Aushängen der Drähte erlaubt, ist die Heftdrahtfeder IWT-

Abb. 29. Heftdrahtfeder IWT Steiner geschlossen.

Abb. 30. Heftdrahthalter klappbar.

Steiner (Abb. 29). Bei dieser Drahtfeder wird zum Schließen eine Halteklammer, die beide Bügel umschließt, nach oben gezogen. Damit ist gewährleistet, dass die Drahtfedern bei einem möglichen Aushängen der Drähte nicht wieder aufspringen.

Sind die Drähte gut gespannt, so genügt es, wenn die Heftdrahthalter bzw. -federn an jedem zweiten oder dritten Pfahl angebracht werden. Die Anbringung am Pfahl erfolgt in windoffenen Lagen und/oder bei hängend wachsenden Rebsorten an der oberen Biegdrahtstation oder ca. 10 cm darüber. Bei aufrecht wachsenden Sorten kann die erste Heftstation etwas höher angebracht werden. Wird nur in der ersten Heftstation mit einem Halter oder einer Feder gearbeitet, erfolgt das weitere Heften mit einem zweiten beweglichen Heftdrahtpaar. Werden zwei Halter oder Federn eingesetzt, so werden diese ca. 20 bis 40 cm unter dem Pfahlende angebracht. Bei hohen Laubwänden werden in einigen Betrieben, die mit Heftdrahtfedern arbei-

Tab. 4. *Übersicht Heftdrahthalter – Heftdrahtfedern*

Aussehen	Funktion	Bezeichnung	Material	Breite (cm)	Drähte einfach ein- und aushängbar
	drehbar	Abstandhalter	Aluminium	35	ja
	klappbar	Abstandhalter	Aluminium	35	ja
	klappbar	Heftfix	Kunststoff	30, 40	ja
	drehbar	Ausleger	Kunststoff	31, 36, 41, 46	ja
	klappbar	Heftdrahthalter	verzinktes Stahlband	37	ja
	drehbar	Drahtausleger	Edelstahl	35	ja
	klappbar	Heftdrahtfeder	Edelstahl – Federdraht	40–55	nein (Ausnahme: IWT-Steiner)

Abb. 31. Drahtausleger drehbar.

ten, drei Ausleger installiert, die gleichmäßig über die Laubwandzone verteilt werden.

Bei drehbaren Haltern (Abb. 31) kann, sofern mit zwei Auslegern gearbeitet wird, bei der ersten Heftung –nachdem das untere Heftdrahtpaar in die Drahtstation am Pfahl gehängt wurde- das obere Heftdrahtpaar in die Ösen der noch ausgeklappten Halter gelegt werden. Beim zweiten Heftgang kann dann das obere Heftdrahtpaar in die oberen Haken am Pfahl eingehängt werden. Eventuell kann auch das untere Heftdrahtpaar dabei in eine höhere Station gehängt werden. Sind drei Heftgänge erforderlich, so wird erst beim dritten Heftgang das obere Drahtpaar hochgehängt. Beim letzten Heftgang sind die drehbaren Halter senkrecht an den Pfahl zu drehen, damit sie nicht mehr in die Zeile ragen.

Ein zügiges Heften mit den Systemen ist nur gegeben, wenn nahezu alle Triebe zwischen den gespreizten Drähten fixiert sind. Dazu ist es erforderlich, dass die Triebe auf relativ gleichmäßiger Höhe wachsen. Deshalb sind in erster Linie der Flachbogen und auch noch der Halbbogen mit geringem Biegdrahtabstand (max. 20 cm) für die Installation von Heftdrahthaltern bzw. -federn geeignet. Wichtig ist, dass die Halter zum Pfahltyp passen. Die Hersteller bieten für die gängigen Zeilenpfähle entsprechende Befestigungsmöglichkeiten und Größen an.

Folgende Vorteile sind beim Einsatz von Heftdrahthaltern bzw. –federn zu nennen:

- Die Drähte bieten den Trieben Halt, deshalb geringe Windbruchgefahr.
- Der Zeitpunkt des Heftens ist weniger termingebunden, da die Triebe in den

gespreizten Heftdrähten gehalten werden.

- Arbeitserleichterung und Zeitersparnis, insbesondere bei spätem Heften.
- Es kann auch die Gegenseite geheftet werden, da der ausgelegte Draht aus bzw. mit den Bügeln leicht eingeholt werden kann.

Als Nachteile sind zu nennen:

- Höhere Investitionskosten und ein höherer Aufwand für die Installation.
- Bei Heftdrahtfedern kann, mit Ausnahme der Feder von IWT-Steiner, der Draht nicht abgelegt werden, was den Rebschnitt und das Biegen erschwert. Dadurch sind auch die Heftstationen vorgegeben und ein variables Heften ist nicht möglich.

3.2.2.3 Maschinelles Heften

Das Aufheften der Rebtriebe kann mit Hilfe von Laubheftern auch maschinell erfolgen. Diese Geräte arbeiten mit Kunststoffschnüren, die eingezogen werden und das Laub zusammenhalten. Auch technisch einfache Eigenkonstruktionen von Winzern arbeiten nach diesem Prinzip.

Bau und Arbeitsweise: Der Anbau der Laubhefter erfolgt an der Schlepperfront, wobei die zu heftende Zeile übergrätscht wird. Dabei werden die Triebe von zwei elektrisch oder hydraulisch getriebenen Förderschnecken (z. B. Ero, Abb. 32) bzw. Aufnahmebändern (z. B. KMS, Abb. 33; Freilauber) nach oben gezogen und aufrecht gestellt. Gleichzeitig wird links und rechts der Rebzeile aus einem Behälter eine Kunststoff-Heftschnur durch Füh-

Abb. 32. Laubhefter der Fa. ERO.

Abb. 33. Laubhefter der Fa. KMS.

rungsösen zu einer Bremse geführt, die der Schnur eine leichte Spannung gibt. Von hier aus läuft die Schnur in Höhe der Klammerschlitze am Klammerautomat, der in verschiedenen Größen erhältlich ist, vorbei. Der Klammerautomat wird entweder per Handauslösung oder automatisch aktiviert. Bei einer automatischen Klammerung kann der Klammerabstand variabel eingestellt werden und eine optische Kontrolle erkennt, wo die Klammer gesetzt werden kann. Durch die Klammerung werden die zwei Schnüre zusammengeheftet. Sie ist wichtig, da erst sie der Laubwand die nötige Stabilität gibt und das Herausrutschen der Triebe verhindert. Pro Stickellänge müssen zwei bis drei Klammern gesetzt werden. Ein bis zwei Meter vor Zeilenende wird die Bremse geschlossen und die Schnur damit blockiert. Durch Weiterfahrt mit dem Schlepper wird die ausgebrachte Schnur gespannt. Mit einer Feststellzange wird die Schnur am Zeilenende fixiert und etwa einen halben Meter hinter den Endpfahl abgeschnitten. Danach werden die zwei Schnüre verknotet und die Zange wieder gelöst. Das Schnurmaterial gibt es in verschiedenen Stärken, für windarme oder windexponierte Lagen. Bei stärkerer Windeinwirkung kann es aber durchaus zum Durchscheuern der Schnüre an den Pfählen bzw. Pfahlhaken kommen.

Die Laubhefter lassen sich zusätzlich mit einem waagerechten Laubschneider ausstatten. Damit können beim zweiten Heften gleichzeitig die Triebspitzen entfernt werden. In der weinbaulichen Praxis sollte das erste Gipfeln aber möglichst spät erfolgen, um das Dickenwachstum der Beeren nicht zu forcieren und damit die Kompaktheit der Trauben zu erhöhen (vgl. Kap. 3.3.1.2). Von daher ist der Termin für die zweite Heftung nicht immer unbedingt der ideale Zeitpunkt für das Einspritzen der Triebe. Im Normalfall sind zwei Heftungen pro Saison ausreichend.

Das Einziehen der Heftschnur ist zwar mechanisch gelöst, aber das Entfernen geschieht häufig noch von Hand. Dabei werden die beiden Heftschnurpaare im Abstand von etwa 10 m durchgeschnitten und die jeweiligen Schnurstücke herausgezogen und eingesammelt. In einigen Betrieben wird auch eine Drahthaspel zum Herausziehen der Schnüre benutzt (Abb. 34). Diese Arbeit sollte direkt nach der Lese geschehen, wenn die Ranken noch nicht zu sehr verholzt sind.

Der Zeitbedarf für das Entfernen der Heftschnüre liegt bei etwa 7 bis 9 Akh/ha. Für das maschinelle Heften werden rund 2,5 bis 3,0 Akh/ha benötigt.

Ein Ablegen der Heftschnüre in vorhandene Hefthaken oder Heftprofile ist bei den Laubheftern nicht möglich. Die eigentlichen Halterungsorgane für die leichten Kunststoffschnüre sind die vielen Geiztrieb- und Blattstielwinkel der grünen Rebteile. Aus diesem Grund kann der Drahtrahmen einfacher und damit kostengünstiger aufgebaut sein. Es werden, abgesehen von den Biegdrähten, nur zwei Rankdrähte benötigt.

Eigenkonstruktionen von Winzern arbeiten nach dem gleichen Prinzip (Abb. 35). Dabei wird aber auf das technisch aufwändige Klammern der Schnüre und das Hochziehen der Triebe verzichtet. Der Hefter besteht lediglich aus einem meist zweiseitigen Überzeilengestänge direkt vor der Kabine. Damit können die Schnüre für zwei Zeilen eingezogen wer-

Abb. 34. Herausziehen der Heftschnüre mit einer Drahthaspel.

Abb. 35. Laubhefter Eigenkonstruktion.

den. Die vier Schnüre werden aus einem Kasten am Frontbereich über Schläuche und Verrohrungen an der Zeile vorbeigeführt. Vor der Einfahrt in die Zeile werden die Schnüre am Pfahl zusammengebunden, sodass der Einzug unter Zug erfolgt. Am Ende der Zeile werden die Schnüre vom Fahrer aus der Kabine abgeschnitten und abgelegt. Die Fahrgeschwindigkeit liegt bei 7 bis 8 km/h. Nach dem Einziehen aller Schnüre werden sie von Hand aufgenommen, festgezogen und am Endpfahl verzurrt. Bei der Flachbogen-Erziehung werden auf diese Weise fast alle Triebe zwischen den Schnüren eingefangen. Etwas kürzere Triebe können noch in die leicht anliegenden Schnüre einwachsen. Bei der späteren Heftung werden lediglich noch nicht eingewachsene Triebe eingesteckt und mit einem Bindegerät (z. B. Beli oder Ligatex) die Schnüre zusammengebunden, sodass die Triebe fest im Drahtrahmen eingebunden sind. Bei gut rankenden Rebsorten in Verbindung mit festen Rankdrähten oben und nicht allzu hohen Laubwänden kann bei diesem System auf ein zweites Heften verzichtet werden. Es sind lediglich geringe Nacharbeiten und das Einstecken einzelner Triebe im oberen Bereich erforderlich. Das Herausziehen der Schnüre im Spätherbst oder Winter kann mit einer angetriebenen Drahthaspel erfolgen. Da sich die Bindungen leicht lösen, können bis zu 3 Zeilen gleichzeitig herausgezogen werden. Um den Rebschnitt zu erleichtern, empfiehlt sich bei stark rankenden Sorten der Einsatz eines Entrankers oder Vorschneiders zum Lösen der Triebe von den Rankdrähten. Unter günstigen Voraussetzungen sind die Heftarbeiten inkl. Herausziehen der Schnüre mit diesem System in ca. 12 Akh/ha zu bewältigen.

Auch in schlecht mechanisierten Steillagen wird dieses Verfahren gelegentlich praktiziert, wobei aber die Kunsstoffschnüre in diesen Anlagen von Hand eingezogen werden.

3.2.3 Arbeitswirtschaft und Kosten

Die Arbeitszeiten beim manuellen Heften sind stark abhängig von der Drahtrahmengestaltung, der Rebsorte, sowie der Zeilenbreite und -länge. Bei der Bewertung der verschiedenen Heftsysteme müssen auch die Folgearbeiten, die im Winter beim Ausheben des Altholzes, beim Ablegen der Heftdrähte oder beim Herausziehen der Heftschnüre anfallen, berücksichtigt werden. Tab. 5 zeigt eine entsprechende Auf-

Tab. 5. *Verfahrensvergleiche beim manuellen Heften (reine Heftarbeiten ohne Kombination mit Ausbrechen von Trieben, Gassenbreite 1,90 Meter; Stockabstand 1,25 Meter; Zeilenlänge 100 Meter, Rebsorte Riesling)*

Drahtrahmenaufbau	Durchführung	Akh/ha	Summe (Akh/ha)	
			Heften	gesamt
1 bewegliches Drahtpaar 2 feste Rankdrähte (oben)	Ablegen des beweglichen Drahtpaares vor dem Rebschnitt:	5,5	23,4	28,9
	Erstes Heften: Drahtpaar wird in untere Drahtstation gehängt	10,2		
	Zweites Heften: Hochhängen in obere Drahtstation und Einschlaufen der Triebe	13,2		
2 bewegliche Drahtpaare 1 fester Rankdraht (oben)	Ablegen des unteren Drahtpaares vor dem Rebschnitt	5,5	26,8	32,3
	Erstes Heften: Abgelegtes Drahtpaar wird in untere Drahtstation gehängt	10,8		
	Ablegen des oberen Drahtpaares (nach 1.Heftung beim Zurückgehen in der Zeile)	3,3		
	Zweites Heften: Hochhängen des 2. Drahtpaares und Einschlaufen der Triebe	12,7		
2 bewegliche Drahtpaare	Ablegen des unteren Drahtpaares vor dem Rebschnitt	5,5	24,3 bis 30,5	29,8 bis 36,0
	Runterlegen des oberen Drahtpaares vor dem 1. Heften	2,7		
	Erstes Heften: Oberes Drahtpaar wird in untere Drahtstation gehängt	8,2		
	Zweites Heften: Oberes Drahtpaar wird in höhere Drahtstation gehängt und unteres Drahtpaar in untere Drahtstation nachgezogen	13,4		
	evtl. drittes Heften: oberes Drahtpaar wird nochmals höher gehängt	6,2		

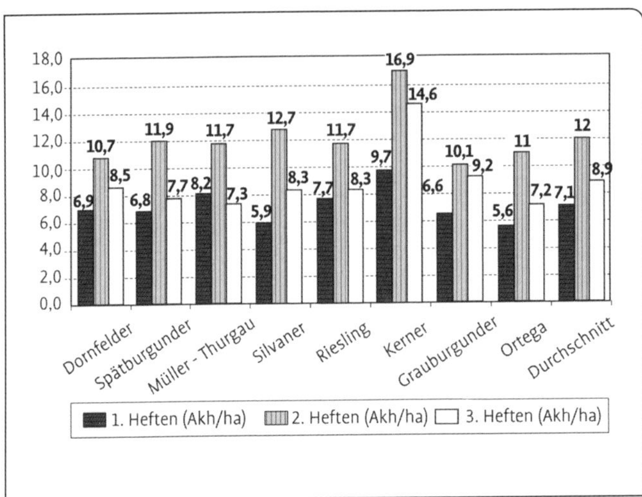

Abb. 36. Arbeitszeiten beim Heften in Abhängigkeit von der Rebsorte.

stellung bei den gängigen manuellen Heftverfahren. Je nach Verfahren müssen für das Heften rund 20 bis 35 Akh/ha veranschlagt werden. Hinzu kommen noch ca. 5,5 Akh/ha für das Ablegen eines Heftdrahtpaares.

Eine detailliertere Aufschlüsselung nach Rebsorten beim Heften mit 2 beweglichen Heftdrahtpaaren zeigt die Abb. 36. Auffällig ist hierbei insbesondere der Kerner. Diese Rebsorte wächst sehr buschig und erfordert deshalb einen erhöhten Arbeitsaufwand beim Heften.

Durch das Einsetzen von Heftdrahthaltern bzw. -federn können im gewissen Umfang Zeiteinsparungen erzielt werden (Tab. 6). Bei termingerechtem Heften liegen diese Einsparungen bei etwa 1 bis 4 Akh/ha und Heftgang. Erfolgt das Heften mit den beweglichen Heftdrähten nicht termingerecht, so können die Einsparungen bis 8 Akh/ha und Heftgang betragen. Sind zwei Heftdrahthalter- bzw. federn am Pfahl installiert, so entfällt das Ablegen des oberen Drahtpaares nach dem ersten Heftgang, was sich reduzierend auf die Arbeitszeit auswirkt. Wegen der durch die gespreizten Heftdrähte erzielten Triebstabilisierung können mit Heftdrahthaltern ausgestattete Anlagen bis zu 10 Tage später aufgeheftet werden.

Um einen guten Auffangeffekt sowie eine ausreichende Stabilität der Rebtriebe zu erreichen, sollten die Heftdrähte gut gespannt sein. Ein weiterer Vorteil beim Arbeiten mit Heftdrahthaltern- bzw. federn ist, dass durch die Laubwand durchgefasst werden kann und auch der gegenüberliegende Heftdraht leicht einzuhängen ist. So kann zweizeilig gearbeitet werden, was insbesondere in schlecht mechanisierbaren Anlagen (Steillagen, einreihige Querterrassen) eine große Arbeitserleichterung und -beschleunigung bedeutet.

Bei Heftdrahtfedern, die kein Ablegen der Heftdrähte erlauben, ergibt sich ein erhöhter Arbeitsaufwand beim Rebschnitt. Insbesondere bei stark rankenden Rebsorten kann sich die Arbeitszeit für das Ausheben des Altholzes, in Abhängigkeit von der Anzahl der Federn und der Drahtrahmengestaltung um 6 bis 14 Akh/ha erhöhen.

Tab. 6. Verfahrensvergleiche beim manuellen Heften mit Heftdrahthaltern bzw. –federn (reine Heftarbeiten ohne Kombination mit Ausbrechen von Trieben, Gassenbreite 1,90 Meter; Stockabstand 1,25 Meter; Zeilenlänge 100 Meter, Rebsorte Riesling)

Drahtrahmenaufbau	Durchführung	Akh/ha	Summe (Akh/ha)	
			Heften	gesamt
2 bewegliche Drahtpaare, davon unteres Heftdrahtpaar in Heftdrahtfeder (Drähte nicht aushängbar)	Erstes Heften: Zuklappen der Heftdrahtfedern Ablegen des oberen Drahtpaares (nach Erstem Heftgang beim Zurückgehen in der Zeile) Zweites Heften: Hochhängen des oberen Drahtpaares evtl. drittes Heften: oberes Drahtpaar wird nochmals höher gehängt Mehrarbeit durch nicht ablegbares unteres Drahtpaar beim Rebschnitt	7,2 3,3 12,7 6,2 6,0	23,2 bis 29,4	29,2 bis 35,4
2 Heftdrahtpaare in Heftdrahtfedern (Drähte nicht aushängbar), 1 fester Rankdraht (oben)	Erstes Heften: Zuklappen der unteren Heftdrahtfedern Zweites Heften: Zuklappen der oberen Heftdrahtfedern und Einschlaufen der Triebe Mehrarbeit durch nicht ablegbare Drahtpaare beim Rebschnitt	7,2 11,6 14,0	18,8	32,8
2 bewegliche Drahtpaare, davon unteres Heftdrahtpaar in Heftdrahthalter mit drehbarem Bügel (Drähte aushängbar)	Ablegen des unteren Drahtpaares vor dem Rebschnitt Drahthalter in die Horizontale klappen und Einhängen der Drähte beim Ausbrechen Erstes Heften: Wegdrehen der Drahthalter und Einhängen der Drähte Ablegen des oberen Drahtpaares (nach Erstem Heftgang beim Zurückgehen in der Zeile) Zweites Heften: Hochhängen des oberen Drahtpaares evtl. drittes Heften: oberes Drahtpaar wird nochmals höher gehängt	5,5 0,8 7,5 3,3 12,7 6,2	24,3 bis 30,5	29,8 bis 36,0
2 Heftdrahtpaare in Heftdrahthalter mit drehbarem Bügel (Drähte aushängbar) 1 fester Rankdraht (oben)	Ablegen des unteren Drahtpaares vor dem Rebschnitt Drahthalter in die Horizontale klappen und Einhängen der Drähte Erstes Heften: Wegdrehen der unteren Drahthalter und Einhängen der Drähte Zweites Heften: Wegdrehen der oberen Drahthalter, Einhängen der Drähte und Einschlaufen der Triebe	5,5 1,5 7,5 12,0	21,0	26,5

Dadurch werden die arbeitswirtschaftlichen Vorteile beim Heften wieder aufgehoben. Deshalb sollten Heftdrahtfedern, in denen die Heftdrähte dauerhaft verbleiben, vorrangig bei schwächer rankenden Rebsorten eingesetzt werden.

Der Zeitbedarf für das Heften mit Laubheftern liegt bei 2,5 bis 3,0 Akh/ha und Heftgang. Für das Entfernen der Heftschnüre werden weitere 7 bis 9 Akh/ha benötigt. Im Vergleich zum manuellen Heften können rund 15 bis 25 Akh/ha eingespart werden. Allerdings erfordert der Umgang mit Heftmaschinen ein gewisses Geschick, Erfahrung und eine höhere Konzentrationsfähigkeit, weshalb diese Arbeit nur von Fachpersonal durchgeführt werden kann. Erfolgt das Heften nicht termingerecht, ist ein ordentliches Aufheften der Triebe nicht gewährleistet und es müssen nachträglich noch Triebe eingesteckt werden, was den Arbeitsaufwand erhöht.

Aufbauend auf den Arbeitszeiten lässt sich ein Kostenvergleich erstellen (Tab. 7). Dabei wird deutlich, dass das maschinelle Heften mit Laubheftern aufgrund der hohen Material- und Maschinenkosten mit dem manuellen Heften nur konkurrieren kann, wenn diese Tätigkeit mit Fachkräften durchgeführt wird. Stehen dem Betrieb preiswerte Aushilfskräfte zur Verfügung, ist das manuelle Heften wesentlich kostengünstiger.

Eine gewisse Kostensenkung kann beim maschinellen Heften durch eine Kombination mit einem Bodenpflegegerät für die Gassen, wie Mulcher, Begrünungswalze oder Grubber erreicht werden, da damit ein Arbeitsgang bei der Bodenpflege eingespart wird. Dadurch können Arbeitskosten und variable Schlepperkosten von rund 30 €/ha bei Pflege jeder Zeile bzw. 15 €/ha bei Pflege jeder zweiten Zeile (jede zweite Zeile begrünt bzw. bearbeitet) eingespart werden. Dieses Einsparpotenzial wurde bei der Kostenberechnung nicht berücksichtigt.

Das maschinelle Heften ist in erster Linie für Betriebe interessant, die Probleme haben, die Arbeitsspitze „Heften" mit Familien- oder Fremdarbeitskräften zu bewältigen. Allerdings muss auch das maschinelle Heften termingerecht erfolgen, ansonsten sind manuelle Nacharbeiten erforderlich.

Der Laubhefter hat bisher nur in wenigen Weinbauregionen Deutschlands eine größere Bedeutung erlangt. Folgende Gründe sind hierfür ausschlaggebend:

- Das Fahren und Bedienen des Laubhefters erfordert ein gewisses technisches Verständnis und setzt ein konzentriertes Arbeiten voraus. Hierfür ist Fachpersonal erforderlich.
- Trotz der Zeiteinsparung liegen die Verfahrenskosten aufgrund der Maschinen- und Materialkosten höher als beim manuellen Heften.
- In vielen Betrieben werden, zumindest beim ersten Heftgang, gleichzeitig noch Ausbrecharbeiten am Stamm und auf der Bogrebe vorgenommen. Diese Arbeit ist nur manuell zu leisten.

3.3 Laubschnitt (Gipfeln)

3.3.1 Laubschnitt als Werkzeug zur Ertrags- und Reifesteuerung

Unter normalen Wuchskraftbedingungen und bei praxisüblichen Laubwandhöhen kommt es bei der Spalierdrahtrahmenerziehung zur Notwendigkeit von Laubschnittmaßnahmen. Beim ersten Laubschnitt werden vorrangig Haupttriebe eingekürzt, die aus der Laubwand nach oben herausragen, wie auch einzelne Geiztriebe, die aus der Laubwand seitlich in die Gasse ragen. Das Einkürzen der

Tab. 7. Arbeitszeit- und Kostenvergleich verschiedener Heftsysteme (2,00 m Zeilenbreite, 100 m Zeilenlänge)

	Manuelles Heften mit 2 beweglichen Heftdrahtpaaren		Maschinelles Heften mit Laubhefter	
Arbeitszeiten Heften (h/ha)	30 (3 Heftgänge)		5,5 (2 Heftgänge mit Fachkraft ohne Nacharbeit)	
Arbeitszeit Drähte ablegen bzw. Schnüre entfernen	5,5		8	
Arbeitskosten Aushilfskraft 8 €/h Fachkraft 15 €/h	Aushilfskraft	Fachkraft	Aushilfs- u. Fachkraft [1]	Nur Fachkraft
	284	533	147	203
Materialkosten €/ha (Klammern, Schnur)	5		90	
Schlepperkosten 25 €/h (var. und fest)			138	
Var. Kosten Hefter 5 €/h			28	
Feste Kosten Hefter €/ha [2]			10 ha	20 ha
			192	96
Summe Kosten €/ha	289	538	595–651	499–555

[1] Aushilfskräfte nur für das Entfernen der Heftschnüre, für Laubhefter Fachkraft

[2] Anschaffungskosten Laubhefter 15 000 €, Nutzungsdauer 10 Jahre, Zinssatz 5 %, unterstellte jährliche Einsatzfläche 10 bzw. 20 ha

Haupttriebe regt das Geiztriebwachstum an. Bei weiteren Schnittmaßnahmen werden fast ausschließlich Geiztriebe eingekürzt.

3.3.1.1 Laubschnitt und Wuchskraft

Die Anzahl notwendiger Laubschnittmaßnahmen ist nicht nur aus arbeitswirtschaftlicher Sicht von Interesse. Sie ist auch ein wichtiges Beurteilungskriterium für die Wuchskraft einer Anlage. Die Wuchskraft selbst beeinflusst in vielfältigster Weise sowohl die Ertragshöhe wie auch wichtige Qualitätsparameter des Leseguts. Eine korrekte Bewertung der Wuchskraftsituation und darauf aufbauend eine optimale Steuerungsstrategie ist ein zentraler Baustein einer erfolgreichen Bewirtschaftung.

Eine detaillierte Darlegung der komplexen Zusammenhänge würde den Rahmen dieser Abhandlung sprengen. Zusammenfassend lässt sich feststellen, dass sowohl eine zu schwache wie auch eine zu starke Wuchskraft vielfältige Gefahren für die Weinqualität bergen. Dabei ist eine sehr schwache Wuchskraft mit hoher Wahrscheinlichkeit mit einer physiologischen Stresssituation in der Reifephase verknüpft. Insbesondere bei Weißwein kann

dies zu einer Vielzahl von Problemen führen. Beispiele dafür wären
- ein erhöhtes UTA-Risiko
- geringer Gehalt der Moste an hefeverwertbarem Stickstoff
- Beeinträchtigung der sortentypischen Aromatik
- phenolische Noten, erhöhte Gerbstoffgehalte
- sehr niedrige Säurewerte

In der Rotweinproduktion ist Stress in der Reifephase hingegen völlig anders zu bewerten. Sofern die Erträge moderat sind und der Stress keine extremen Ausmaße erreicht, ist sogar mit einer in der Summe sehr positiven Wirkung auf die Qualität zu rechnen.

Während die meisten Winzer für önologische Probleme als mögliches Resultat einer zu schwachen Wuchskraft stark sensibilisiert sind, fehlt es vielen an Problembewusstsein hinsichtlich der negativen Auswirkungen einer zu üppigen Wuchskraft. Die potenziellen Probleme beschränken sich keineswegs nur auf das allgemein bekannte erhöhte Botrytisrisiko in sehr üppig wachsenden Beständen. Ein Problem ist auch die deutlich verzögerte physiologische Ausreife der Trauben. Die Traubenreife als generativer Ausreifungsprozess ist an die vegetativen Aus- bzw. Abreifungsprozesse (Herbstverfärbung der Blätter, Holzreife) gekoppelt. Beides sind untrennbare Vorgänge der Seneszenz, die aus biologischer Sicht einerseits die mehrjährige Pflanze Rebe auf die Überwinterung vorbereitet (vegetative Merkmale der Seneszenz) und zum anderen die Trauben, bzw. deren Kerne als funktionsfähige Vermehrungsorgane ausreifen lässt (generative Merkmale der Seneszenz).

Die Konstellation einer wegen zu üppiger Wuchskraft verzögerten physiologischen Ausreife der Trauben bei gleichzeitiger Notwendigkeit zu frühzeitiger Lese wegen erhöhten Botrytisdrucks birgt sowohl anders gelagerte wie erstaunlicherweise z. T. auch ähnliche Risiken wie eine zu starke Stresssituation. Eine Darlegung der komplexen kausalen Zusammenhänge würde den Rahmen dieser Abhandlung sprengen. Konkret ergeben sich aus einer zu starken Wuchskraft folgende Gefahren:
- ein erhöhtes UTA-Risiko
- geringer Gehalt der Moste an hefeverwertbarem Stickstoff
- Beeinträchtigung der sortentypischen Aromatik, starke Ausprägung vegetativ grüner Aromen
- unreife Phenole
- erhöhte Säurewerte

Bei praxisüblichen und für viele Situationen auch optimalen Laubwandhöhen zwischen ca. 1,2 bis 1,4 m kann man von einer mittleren Wuchskraft sprechen, wenn ein zweimaliger Laubschnitt erforderlich wird, wobei das Wort „erforderlich“ leider ein sehr dehnbarer Begriff ist und Interpretationsspielraum lässt. Unterstützend muss auch –unter Berücksichtigung der Sorteneigenschaften- die Blattgröße, Blattfarbe und die mittlere Internodienlänge in die Wuchskraftbewertung einfließen. Auch das Längenwachstum unter Berücksichtigung des phänologischen Stands der Anlage ist ein wichtiges Kriterium. Unter normalwüchsigen Bedingungen verlangsamt sich das Triebwachstum mit dem beginnenden Beerenwachstum nach der Blüte und klingt dann in der frühen Reifephase allmählich aus. Wenn Anlagen noch mehrere Wochen nach Reifebeginn ein merkliches Geiztriebwachstum zeigen, ist das ebenso bedenklich (üppige Wuchskraft) wie Anlagen, in denen bereits kurz nach der Blüte kaum noch Längenzuwachs (schwache Wuchskraft, hohes Stressrisiko) festzustellen ist.

Drahtrahmen, die abweichend von den o. g. Maßen aufgrund der Heftdrahtanordnung nur sehr niedrige Laubwandhöhen ermöglichen, begünstigen tendenziell die Notwendigkeit für einen frühen ersten Laubschnitt, der seinerseits die Wahrscheinlichkeit für eine zusätzliche Laubschnittmaßnahme vergrößert.

Die Beobachtungen zur Wuchskraft müssen natürlich auch dazu genutzt werden, die die Wuchskraft beeinflussenden Möglichkeiten sinnvoll zu nutzen, um eine eventuell für notwendig erachtete Stärkung oder auch Schwächung der Wuchskraft vornehmen zu können. Dabei bietet sich dem Winzer ein breites Spektrum an Steuerungsmöglichkeiten langfristiger, mittelfristiger und kurzfristiger Natur, deren nähere Erörterung den Rahmen dieser Ausarbeitung sprengen würde. Stichwortartig seien einige Ansatzpunkte erwähnt.

Langfristige Möglichkeiten der Einflussnahme:

- Unterlagenwahl
- Standraumgestaltung (Stockbelastung)

Mittelfristige Möglichkeiten der Einflussnahme:

- Bodenpflegesystem
- Beeinflussung des Humushaushalts

Kurzfristige Möglichkeiten der Einflussnahme:

- Gestaltung des Anschnittniveaus, Triebzahlreduktion
- Ertragssteuerungsmaßnahmen
- N-Düngung
- Bodenbearbeitung

3.3.1.2 **Terminierung**

Von außerordentlicher Bedeutung und somit eine sehr wichtige zu treffende Entscheidung ist die Terminierung des ersten Laubschnitts. In einem Ausmaß, das von vielen Winzern unterschätzt wird, lassen sich damit die Traubengewichte und damit gekoppelt die Ertragshöhe sowie der Kompaktheitsgrad der Trauben mit sämtlichen daraus resultierenden Konsequenzen beeinflussen. Die physiologischen Wirkungsmechanismen sind in Kap. 2.8 näher erläutert.

Die von Praktikern häufig sinngemäß gestellte Frage nach dem „richtigen Laubschnitttermin" ist ein Beleg für die Unkenntnis der Zusammenhänge. Es gibt keinen allgemein „richtigen", sondern nur einen im Hinblick auf die individuelle Zielsetzung passenden Laubschnitttermin. Wer an möglichst geringen Beerendicken, lockeren Trauben und geringen Erträgen interessiert ist, sollte den Termin hinauszögern. Wer an Ertragsmaximierung (unter Inkaufnahme der damit einhergehenden Risiken!) interessiert ist, müsste die Triebe so früh kappen, dass damit eine Begünstigung des Blüteablaufs möglich wird (vgl. Kap. 2.8)

In der Praxis liegt zwischen dem Termin, an dem man erstmals Laub schneiden könnte, weil die Mehrzahl der Triebe lang genug ist, um vom Laubschneider erfasst zu werden und dem Termin, an dem man spätestens Laub schneiden müsste, weil Triebe umzukippen oder gar abzubrechen drohen, ein Zeitraum von mindestens 2 Wochen.

Die Bedeutung des Laubschnitttermins für die Ertragsleistung ist schon seit langem bekannt. Bereits MÜLLER-THURGAU empfahl 1898 (Anm.: mit dem Ziel der Ertragssteigerung), stark wachsende Reben früh zu kappen, damit die Assimilate den Gescheinen und nicht der Triebspitze zugute kämen.

KOBLET zeigte 1966, dass diese Maßnahme kurz vor der Blüte aber auch noch 8 Tage nach der Blüte durchgeführt –verglichen mit spätem Einkürztermin- eine

Tab. 8. *Einfluss des Termins des ersten Laubschnitts des Haupttriebs auf den Ertrag (dt/ha) im Durchschnitt der Jahre 1983 bis 1987 auf 3 Standorten im Rheingau bei gleicher Trieblänge (8 Blätter pro Trieb)*

Termin des ersten Laubschnittes	Riesling (Johannisberg)	Riesling (Rauenthal)	Müller-Thurgau
kurz vor der Blüte	141,8 a	159,1 a	124,5 a
20 Tage nach der Blüte	124,5 b	133,5 b	124,3 a
30 Tage nach der Blüte	112,2 b	126,4 b	106,0 a b
nicht eingekürzt	90,6 c	102,9 c	95,9 b

Die Unterschiede zwischen Messwerten ohne gemeinsamen Buchstaben sind signifikant

Ertragssteigerung zur Folge hatte. Aus der Arbeit von KOBLET wird ersichtlich, dass ein beachtlicher Teil des Mehrertrags bei dem Laubschnitt kurz vor der Blüte über eine höhere Beerenzahl pro Traube erreicht wurde.

BETTNER und ITO konnten 1987 diese Einschätzungen bei mehreren Sorten bestätigen. Folgende Varianten wurden miteinander verglichen:

- erstes Einkürzen unmittelbar vor der Blüte
- erstes Einkürzen 16–18 Tage nach Blüteende
- erstes Einkürzen 26–30 Tage nach Blüteende
- ohne Einkürzen

Auch in diesen Untersuchungen zeigte sich eine signifikante Ertragsüberlegenheit der beiden frühen Einkürztermine gegenüber dem späten Termin sowie der nicht eingekürzten Variante, wobei insbesondere ein größeres Einzelbeerengewicht für den Ertragsunterschied verantwortlich war.

Auch HÜGELSCHÄFFER (1990) konnte in seinen Untersuchungen die früheren Erkenntnisse bestätigen. Dabei zeigte sich, dass der Termin des erstmaligen Einkürzens für die Ertragsleistung wichtiger war als die Trieblängen, auf die eingekürzt wurde (Tab. 8).

Tendenziell zeigt sich aus dem Gesamtbild der Versuche, dass der Einkürztermin bereits kurz vor oder in der Blüte verglichen mit einem Einkürztermin kurz nach der Blüte insbesondere dann zu weiteren Ertragssteigerungen führt, wenn es sich um eine blütelabile Rebsorte handelt oder wenn die Jahreswitterung für den Blüteablauf nicht optimal ist. Unter diesen Bedingungen kann eine den Blüteverlauf stabilisierende Maßnahme in besonderer Weise ihre Wirkung zeigen.

Nicht immer, aber sehr oft hat der frühe Einkürztermin auch einen mostgewichtssenkenden Effekt. Dies ist sowohl über die Menge/Güte-Beziehung wie auch durch die tendenzielle Verschlechterung des Blatt/Frucht-Verhältnisses zu erklären. In der Praxis ist in Anlagen, in denen schon sehr früh Laub geschnitten wird, oft eine Heftdrahtanordnung und Pfahllänge zu beobachten, die keine hohe Laubwand zulässt. In dieser Konstellation ist in besonderer Weise ein mostgewichtssenkender Effekt zu erwarten.

Auch die mehrfach beobachtete Zunahme des Fäulnisbefalls bei frühem Einkürzen ist vor dem Hintergrund des Zu-Stande-Kommens der Ertragssteigerung nachvollziehbar. Die Steigerung kommt nicht über höhere Traubenzahlen sondern durch größere Traubengewichte als Folge einer gesteigerten Anzahl von Beeren und/oder eines Anstiegs der Einzelbeerengewichte zu Stande. Beides führt zu kompakteren für Botrytis anfälligeren Trauben.

In Vergessenheit ist heute die Tatsache geraten, das früher wesentlich später gegipfelt wurde, was aber durchaus auch als Hinweis auf seinerzeit wesentlich schwachwüchsigere Anlagen zu werten ist. SCHEU, G. spricht in seinem Winzerbuch 1950 davon, dass diese Arbeit durchgeführt werden sollte, wenn das natürliche Wachstum zu einem gewissen Abschluss kommt und nennt dabei einen Zeitraum um Mitte August. Er spricht aber auch von üppig wachsenden Weinbergen, die früher gegipfelt werden müssen und rät dabei zu wuchsdämpfenden Maßnahmen (geringere Stickstoffdüngung, stärkerer Anschnitt). Auch BABO und MACH äußern sich bereits 1910 in ähnlicher Weise, nennen dabei für nördliche Regionen sogar einen Zeitraum Anfang September als geeigneten Zeitraum für das Gipfeln.

Neben den Auswirkungen auf das Traubenwachstum ergibt sich auch ein Effekt auf die Geiztriebbildung bzw. –entwicklung. Das mit dem Laubschnitt verbundene Brechen der Apikaldominanz (vgl. Kap. 2.5) induziert an den obersten Knoten (Nodien) unterhalb der Schnittstelle eine verstärkte Geiztriebbildung, die ihrerseits selbst wieder eine Apikaldominanz entwickeln.

Der Zeitpunkt des einsetzenden Geiztriebwachstums ist von erheblicher Bedeutung: Gescheine sind nichts anderes als blütentragende Ranken. Während an den untersten 2 bis 3 (basalen) Nodien des Triebs auf der dem Blattstielansatz gegenüberliegenden Seite des Triebs kein Organ angeordnet ist, befindet sich bei den darüber hinaus befindlichen Nodien an jeweils 2 aufeinanderfolgenden Knoten eine Ranke, während der dritte Knoten frei bleibt. Im Bereich zwischen ca. dem 3. bis 8. Knoten können bis zu 4 Ranken Blüten tragen, sind also als Gescheine ausgebildet (Abb. 37). Hierin liegt der

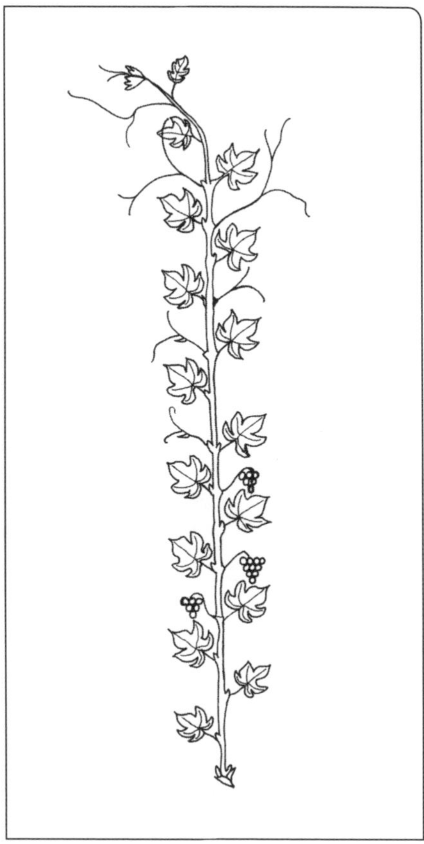

Abb. 37. Schematischer Aufbau eines Rebtriebs (anstelle der Trauben können sich auch Ranken befinden).

entscheidende morphologische (Morphologie = äußerer Aufbau) Unterschied zwischen Haupttrieben und Geiztrieben. In sortenabhängig unterschiedlichem Ausmaß sind an Geiztrieben wesentlich weniger und kleinere Gescheine als an Haupttrieben anzutreffen. Bei vielen Sorten ist die Ausbildung eines Gescheins an einem Geiztrieb die Ausnahme. Insbesondere bei Burgundersorten ist jedoch oft die Bildung eines, in seltenen Fällen sogar von 2 Gescheinen am Geiztrieb zu beobachten.

In diesem Punkt ergibt sich ein wichtiger Zusammenhang zum Laubschnitttermin. Je früher sich ein Geiztrieb entwickelt, desto wahrscheinlicher ist die Ausbildung eines Gescheins. Früher Laubschnitt begünstigt demnach die Bildung vieler Geiztriebtrauben. Den gleichen Effekt kann man auch bei einem frühen Hagelschlag vor der Blüte, bei dem viele Haupttriebspitzen abgeschlagen werden, beobachten (Abb. 38). Insbesondere in wüchsigen Burgunderanlagen kann ein früher Laubschnitt zu einer so starken Geiztriebtraubenbildung führen, dass die Reifeentwicklung der „normalen" Trauben am Haupttrieb darunter empfindlich leidet, falls nicht ein beträchtlicher Teil der sich bildenden Geiztriebtrauben entfernt wird.

3.3.1.3 Laubwandhöhe

Die Laubwandhöhe ist im Groben durch die Drahtrahmengestaltung vorgegeben, die sich ihrerseits an den Überlegungen zum anzustrebenden BFV orientieren sollte (vgl. Kap. 2.6). Die dort erwähnten anzustrebenden 16–22 cm² Blattfläche pro Gramm Traubenertrag sind ein auf Basis wissenschaftlicher Untersuchungen ermittelter Wert, der dem Winzer im Hinblick auf die praktische Umsetzung jedoch kaum Hilfestellung gibt. Die Untersuchungen haben jedoch auch gezeigt, dass dieser Zahlenwert sich in greifbare und umsetzbare Empfehlungen übertragen lässt. Bei Belassung einer bei mittlerer Wuchskraft üblichen Geiztriebblattfläche und sortenab-

Abb. 38. Üppiger Traubenbehang an Geiztrieben bei Dornfelder – ausgelöst durch eine frühe Geiztriebbildung als Folge eines frühen Hagelschlags.

hängig durchschnittlichen Traubengewichten ergeben sich folgende Empfehlungen:

- Sorten mit kleinen bis mittelgroßen Trauben (zum Beispiel Riesling, Traminer, Burgundersorten je nach Klon) ca. 6–8 Blätter (Internodien) pro Traube
- Sorten mit mittelgroßen bis großen Trauben (zum Beispiel Silvaner, Kerner, Müller-Thurgau, Burgundersorten je nach Klon) ca. 8–10 Blätter (Internodien) pro Traube
- Sorten mit großen bis sehr Trauben (zum Beispiel Dornfelder, Portugieser, Trollinger) ca. 10–12 Blätter (Internodien) pro Traube.

Es versteht sich von selbst, dass die standortabhängigen Einflüsse auf das Traubengewicht zusätzliche Berücksichtigung finden müssen.

Beispiel:

- In einer alten Rieslinganlage auf einem sehr steinigen Steillagenstandort sind im langjährigen Durchschnitt mittlere Traubengewichte von ca. 70–100 g zu erwarten. Unter diesen Bedingungen dürfte bereits bei ca. 5–6 Blättern pro Traube das eingangs erwähnte wünschenswerte BFV von ca. 16–22 cm²/g erreicht sein.
- Eine Rieslinganlage im jungen Ertragsalter auf einem fruchtbaren Lößlehm kann hingegen durchaus mittlere Traubengewichte von 150–190 g produzieren. Dort wären dann auch eher 8–9 Blätter pro Traube anzustreben.

Außerdem ist die hangneigungs- und hangrichtungsabhängige Strahlungsintensität auf den Standort sowie die Wasserversorgungssituation zu berücksichtigen. Auf südlich exponierten Hang- und Steillagen – insbesondere dann, wenn sie austrocknungsgefährdet sind – sollte man sich eher im unteren Bereich der oben genannten BFV-Werte orientieren, während für strahlungsärmere oder phänologisch späte Standorte eher der obere Wert anzustreben ist (vgl. Kap. 3.3.1.5).

Unter Berücksichtigung dieser Zusammenhänge lässt sich die anzustrebende mittlere Trieblänge einfach ermitteln:

NB × MT × MIL = WT

NB = notwendige Blattzahl (Internodienzahl) pro Traube
MT = mittlere Traubenzahl/Trieb
MIL = mittlere Internodienlänge [cm]=
WT = wünschenswerte Trieblänge [cm]

Für eine im Hinblick auf Traubengewicht, Traubenzahl pro Trieb und Internodienlänge durchschnittliche Rieslinganlage ergäbe sich folgendes Ergebnis:

7 Blätter/Traube × 2,3 Trauben/Trieb × 9 cm = 144,9 cm

Unterstellt man, dass auch noch der ein oder andere traubenlose Wasserschoss zur Photosyntheseleistung beiträgt und viele Triebe auch etwas schräg im Drahtrahmen stehen, kommt man zur Erkenntnis, dass in diesem Beispiel eine problemlos realisierbare Laubwandhöhe von ca. 1,30 m die Realisierung des eingangs erwähnten Blatt/Frucht-Verhältnisses ermöglicht.
In einer Flachbogenanlage wäre dabei der Biegdraht als Untergrenze der Laubwand zu betrachten während bei Halb- oder gar Pendelbogenerziehung ungefähr die Mitte zwischen den beiden Biegdrähten als durchschnittliche Laubwandunterkante zu betrachten wäre.

Für eine im Hinblick auf Traubengewicht, Traubenzahl pro Trieb und Internodienlänge durchschnittliche Dornfelderanlage ergäbe sich hingegen folgendes erschreckende Ergebnis:
11 Blätter/Traube × 2,1 Trauben/Trieb × 13 cm = 300,3 cm

Diese Kalkulation verdeutlicht, dass ohne eine Reduzierung des Traubenertrags pro Trieb die Realisierung eines wünschenswerten Blatt/Frucht-Verhältnisses bei dieser Sorte schlichtweg unmöglich ist. In stichprobenartigen Untersuchungen in praxisüblich bewirtschafteten Dornfelderanlagen am DLR Rheinhessen-Nahe-Hunsrück in den 90er Jahren wurden bei dieser Sorte BFV-Werte ermittelt, die in der Regel zwischen nur 6 und 10 cm^2/g lagen. Einen Ausweg aus diesem Dilemma liefert nur eine Reduzierung des Traubenertrags pro Trieb. Geradezu verhängnisvoll wäre der Versuch, eine zu hohe Ertragsleistung und/oder eine damit einhergehende niedrige Mostgewichtsleistung durch einen geringeren Anschnitt zu korrigieren. Das Resultat der geringeren vegetativen und generativen Belastung wären noch schwerere Trauben und noch größere Internodienlängen. Angewandt auf die oben genannte Formel würde das bedeuten, dass die erforderlichen Trieblängen noch größer werden bzw. dass damit das in der Praxis realisierte BFV noch schlechter wird wie vorher. Im Hinblick auf das Mostgewicht läuft man damit Gefahr, das Gegenteil dessen zu erreichen, was Ziel der Maßnahme war.

Auch wenn die Drahtrahmengestaltung den groben Rahmen der Laubwandhöhe vorgibt, kann im Wege des Laubschnitts die Schnitthöhe durchaus um ca. 30 cm variiert werden. Je nach Beschaffenheit der Fahrbahn bildet ein Sicherheitsabstand von ca. 10 cm zum Pfahlende die Untergrenze, während eine Schnitthöhe von ca. 40 cm oberhalb des obersten Heftdrahts die sinnvolle Obergrenze bildet. Bei hohem Drahtrahmen ist die obere Schnittgrenze auch oft durch die maximale Hubhöhe des Laubschneiders limitiert. Grundsätzlich beeinflusst die Schnitthöhe das BFV. Die Variationsmöglichkeit der Laubschnitthöhe bietet jedoch auch Chancen für unterschiedliche Laubschnittstrategien (vgl. Kap. 3.3.1.5).

3.3.1.4 Umgang mit Geiztrieben

Die Frage, wie mit Geiztrieben umzugehen ist, d. h.,
- ob sie vollständig ausgebrochen
- oder eingekürzt
- oder in voller Länge belassen werden sollten,

spielt in der älteren Weinbauliteratur eine beträchtliche Rolle. Dabei sind durchaus unterschiedliche Einschätzungen anzutreffen. So propagiert z. B. SCHEU 1950 ein Einkürzen der Triebe explizit auf 1 Blatt, während z. B. BABO und MACH, oder MÜLLER-THURGAU sich lediglich für ein Einkürzen aussprechen, ohne die zu belassende Länge zu präzisieren. Vor einem Ausbrechen der Geiztriebe wird mehrheitlich gewarnt. Eine Beschädigung des Winterauges oder auch die Begünstigung des Austriebs von Winteraugen bereits im Sommer wird als mögliche nachteilige Folge mehrfach erwähnt. Letzteres ist aber nur dann ernsthaft zu befürchten, wenn sich oberhalb eines Winterauges keine zum weiteren Wachstum befähigten Organe (Haupttriebspitze, Geiztriebe, noch nicht ausgetriebene Sommeraugen) mehr befinden.

Bei bestimmten Erziehungssystemen wie z. B. der Einzelpfahlerziehung (vgl. Kap. 4.3.1) war früher ein weitgehend vollständiges Ausbrechen von Geiztrieben zumindest an den als Zielholz dienenden

Ruten gängige Praxis. In Steillagen mit diesem Erziehungssystem ist diese Praxis insbesondere in Kleinbetrieben auch heute noch zu beobachten. In Anbetracht des früher, verglichen mit heutigen Maßstäben, sehr hohen Anschnittniveaus, der tendenziell schwachen Nährstoffversorgung und des generativ und vegetativ weniger leistungsfähigen Pflanzmaterials war diese Maßnahme insofern nachvollziehbar, als damit eine zur Gewinnung guter Fruchtruten wünschenswerte Stärkung des Längenwachstums der Haupttriebe einhergeht.

Eine Rechtfertigung hat diese Maßnahme unverändert im Pflanzjahr von Junganlagen. Solange nicht klar absehbar ist, dass der hochzuziehende Trieb eine ausreichende Länge und Stärke erreicht, um im ersten Winter auf Stammhöhe angeschnitten werden zu können, ist die mit dem Ausgeizen verbundene Stärkung des Haupttriebwachstums sinnvoll.

Die Notwendigkeit, das Wachstum des Zielholzes auch in Ertragsanlagen zu fördern, ist unter den heutigen Rahmenbedingungen jedoch nur in Ausnahmefällen gegeben. Dies wäre insbesondere eine anhaltend trockene Sommerwitterung, die speziell in jungen Ertragsanlagen mit noch schwacher Wurzelausbreitung das Längenwachstum massiv beeinträchtigen kann. In solchen Fällen würde es allerdings zur Stärkung des vegetativen Wachstums nicht ausreichen, am Zielholz Geiztriebe zu entfernen. Hier bedarf es einer beträchtlichen generativen und gegebenenfalls zusätzlich auch vegetativen Entlastung (Verminderung der Traubenzahl und gegebenenfalls auch Triebzahl).

Der Übergang zur Spalierdrahtrahmenerziehung, die damit einhergehende Selbstverständlichkeit des Laubschneidereinsatzes und die Notwendigkeit zur Minimierung von Handarbeiten in immer größer werdenden Betrieben haben die früheren Überlegungen zur richtigen Geiztriebbehandlung obsolet werden lassen. Den Luxus eines Ausbrechens von Geiztrieben in Ertragsanlagen könnten sich nur Betriebe mit überschüssigen Arbeitskapazitäten leisten.

Beim heute selbstverständlichen Einsatz des Laubschneiders im Drahtrahmen werden Geiztriebe eingekürzt, so dass eine mehr oder weniger große Zahl basaler Blätter verbleibt. Diese Situation führt dazu, dass die basalen Blätter der Geiztriebe zur Assimilatversorgung der sinks am Haupttrieb, also vorrangig der Trauben, beitragen. Würde man Geiztriebe ungekürzt belassen, wäre dieser Beitrag geringer, da ein großer Teil der von den basalen Geiztriebblättern gebildeten Assimilate dann für das Längenwachstum des Geiztriebs verwendet würde.

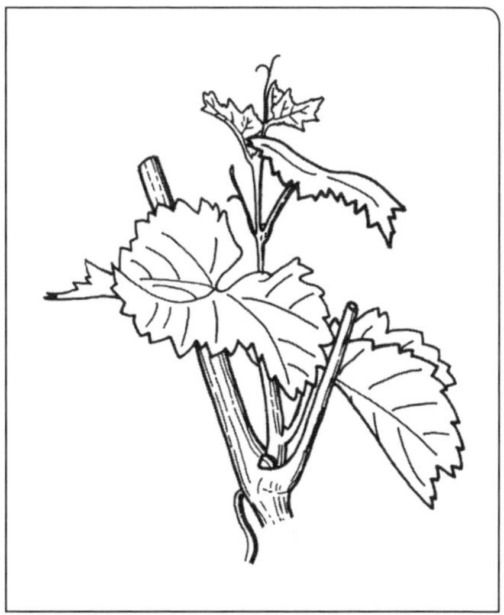

Abb. 39. Nodium mit Blattstiel, Geiztrieb und Winterauge in der Blattachsel.

Vor dem Hintergrund dieser Überlegungen ist der Umgang mit Geiztrieben, wie er sich aus der Kombination Spalierdrahtrahmenerziehung mit Laubschneidereinsatz ergibt, aus physiologischer Sicht als mostgewichtsfördernde Maßnahme zu bewerten.

Auch das neben der Basis des Geiztriebs in der Achsel zwischen Blattstiel und Haupttrieb sitzende Winterauge profitiert von der Existenz eines eingekürzten Geiztriebs (Abb. 39). Bereits BABO und MACH berichten darüber, dass die Bildung von Gescheinsanlagen in den Winteraugen durch das Vorhandensein eines neben dem Winterauge befindlichen eingekürzten Geiztriebs begünstigt wird. Man darf davon ausgehen, dass dieser Effekt auf eine verbesserte Assimilatversorgung des Winterauges während seiner Bildungsphase zurückzuführen ist. Wenn die Bildung eines Winterauges im Sommer abgeschlossen ist, dann ist auf einer Länge von ca. 8 Internodien der nächstjährige Trieb im Zellverband dieses Winterauges bereits angelegt und mikroskopisch sind bereits die Blütenprimordien (Gescheinsanlagen) erkennbar.

3.3.1.5 Laubschnittstrategien für unterschiedliche Zielsetzungen

Aus den bisherigen Ausführen lassen sich unter Berücksichtigung der physiologischen Zusammenhänge in Kap. 2.2.3.2, 2.8 und 3.3.1.3 unterschiedliche Laubschnittstrategien für unterschiedliche Zielsetzungen ableiten.

Hoher Ertrag bei bestmöglichen Mostgewichten: Für diese Zielsetzung wären die Triebe frühzeitig zu kappen. Ertragsmaximierung wäre bei einem Kappen bereits unmittelbar vor oder während der Blüte zu erzielen. Die Erfolgskriterien des Blüteablaufs, die Durchblührate sowie die Kernzahlen und Kerngewichte, werden dadurch gesteigert (vgl. Kap. 2.2.3.2). Ein maschinelles Kappen der Triebe im genannten Zeitraum ist im Spalierdrahtrahmen jedoch nur möglich, wenn der überwiegende Teil der Triebspitzen bereits sehr früh die Pfähle überragt. Dies ist nur bei sorten- und wuchskraftabhängig ungewöhnlich schnellem Triebwachstum (z. B. Dornfelder) oder bei sehr niedrigen, für kurze Trieblängen konzipierten Drahtrahmen möglich, wobei Letzteres wegen des dann zu erwartenden unzureichenden Blatt/Frucht-Verhältnisses mit dem Ziel hoher Mostgewichte kollidiert. Bei üblichen und im Hinblick auf ein ausreichendes BFV erforderlichen Drahtrahmenhöhen ist die Blüte in der Regel bereits vorüber, wenn der erste Laubschnitt möglich wird. Er sollte dann aber sobald wie möglich erfolgen, um in der Zellteilungsphase die Zuckerzufuhr an die wachsenden Beeren frühestmöglich zu maximieren (vgl. Kap. 2.2.3.2).

Weitere Schnittmaßnahmen sollten so hoch wie möglich, mindestens aber ca. 20 cm höher als der erste Schnitt durchgeführt werden. Dadurch verbleibt oberhalb der Schnitthöhe des ersten Laubschnitts eine Laubzone, die dann in der Reifephase ausschließlich aus eingekürzten Geiztrieben besteht. In der Reifephase bilden diese noch vergleichsweise jungen, aber nicht mehr wachsenden basalen Geiztriebblätter bezogen auf eine Blattflächeneinheit aufgrund ihrer günstigen Altersstruktur und der guten Besonnungssituation die leistungsfähigsten Blätter des Stockes. Sollte die Anlage auch in der Reifephase noch ein nennenswertes Triebwachstum aufweisen, sollte auf gleicher Höhe nachgekürzt werden um einem hohen Assimilatverbrauch durch zu viele wachsende Blätter entgegenzuwirken.

Reduzierte Ertragsleistung, möglichst lockere Trauben in Verbindung mit Reifebeschleunigung (Mostgewichtsmaximierung): Bei dieser Zielsetzung sollte der erste Laubschnitt so weit wie möglich hinausgezögert werden, um die Triebspitzen in der Zellteilungsphase (vgl. Kap. 2.2.3.2) möglichst lange als Assimilatkonkurrenten zu behalten. In der Regel wird der Schnitt aber noch während dieses 5 bis 7-wöchigen Zeitraums nach der Blüte notwendig werden. Wenn der Laubschnitt dann durchgeführt wird, sollte tief geschnitten werden. Damit ließe sich die Photosyntheseleistung und somit auch Zuckeranlieferung an die in noch in der Zellteilungsphase befindlichen Trauben vorübergehend reduzieren. Durch einen zweiten, dann aber möglichst hohen Laubschnitt, könnte dafür gesorgt werden, dass in der Reifephase oberhalb der Schnitthöhe des ersten Laubschnitts ein breiter Saum hochaktiver Geiztriebblattfläche vorhanden ist; eventuelle Nachkürzmaßnahmen in der Reifephase im Bedarfsfall dann wie bei hohem Ertrag.

Reduzierte Ertragsleistung, möglichst lockere Trauben in Verbindung mit Reifeverzögerung: Im Wege des Klimawandels hat sich insbesondere in phänologisch besonders frühen Regionen des deutschen Weinbaus ein zu früher bzw. zu schneller Mostgewichtsanstieg als Problem erwiesen. Eine zu frühe Reife unter heißen Bedingungen kann speziell für die Weißweinproduktion vielfältige Nachteile bergen. Überhöhte Alkoholgehalte, zu starker Säureabbau, gestörte sortenuntypische Aromatik oder –im Falle feucht warmer Witterung- verstärkte Botrytisprobleme einhergehend mit Befall durch Sekundärpilze und/oder der Bildung flüchtiger Säure haben die deutschen Winzer vor Herausforderungen gestellt, die man früher in dieser Form, zumindest aber in diesem Ausmaß nicht kannte. Damit hat die vor Jahrzehnten kaum vorstellbare Überlegung, den Mostgewichtsanstieg bewusst zu verzögern bzw. zu verlangsamen, mittlerweile eine praktische Relevanz bekommen.

Neben den Laubarbeiten gibt es eine ganze Reihe von Ansatzpunkten für die Bewältigung dieser Problematik wie z. B. eine andere Standort- und Sortenwahl oder die Förderung einer höheren Ertragsleistung. Ersteres wirkt zuverlässig, leider aber auch in Jahren, in denen dies in Anbetracht des phänologischen Verlaufs gar nicht wünschenswert wäre. Im Übrigen sind Überlegungen zu einer veränderten Sorten- bzw. Standortwahl in ihrer Konsequenz so weitreichend, dass sie aus nachvollziehbaren Gründen (z. B. Marketingaspekte) von vielen Winzern als Tabuthemen bzw. als ultima ratio betrachtet werden.

Ein hohes Ertragsniveau hat eine reifeverzögernde Wirkung, birgt aber auch die Gefahr einer Überlastung einer Anlage und kann sich auf vielfältige Weise qualitativ nachteilig auswirken (flache dünne Weine, erhöhtes UTA-Risiko usw.).

Benötigt werden Maßnahmen, die sich in Abhängigkeit von der individuellen jährlichen phänologischen Situation nach Bedarf anwenden lassen. Aber auch sie bergen das Problem, dass erst mehrere Wochen nach Blüteende zunehmend deutlicher absehbar ist, ob in Anbetracht der phänologischen Situation im Hinblick auf eine Reifesteuerung „bremsen“ oder vielleicht sogar eher „Gas geben“ die angemessene Vorgehensweise ist. Wünschenswert wären demnach Maßnahmen, die sofort Wirkung zeigen, weil sich damit die Chance bietet, mit ihrem Einsatz lange warten zu können, was wiederum in Anbetracht der erwähnten lang währenden Ungewissheit sinnvoll ist. Hier erscheint eine deutliche Verringerung des Blatt/Frucht-Verhältnisses in der Reifephase der sinnvollste Ansatz. Neben einem sehr tiefen Kappen der Laubwand wäre eine hohe seitliche Entblätterung oberhalb der Traubenzone eine weitere Möglichkeit (vgl. Kap. 3.4.4).

Die erwähnten Ansatzpunkte zur Reifeverzögerung im Rahmen des Laubschnitts sind derzeit in Deutschland eine wichtige Fragestellung des weinbaulichen Versuchswesens. In der Regel lässt sich die erwünschte Verlangsamung des Mostgewichtsanstiegs erreichen. Eine Ausnahme bildet die Situation, in der nicht die Blattfläche, sondern das Wasserangebot derjenige Faktor ist, der die Photosyntheseleistung limitiert. Eine geringere Blattfläche geht dann keinesfalls zwangsläufig mit dem ansonsten zu erwartenden Rückgang der Photosyntheseleistung einher. Die physiologische Begründung findet sich in Kap. 2.2.2).

Tab. 9 zeigt Ergebnisse aus einem Versuch zu dieser Thematik. Sie zeigen deutlich, wie eine Verminderung der Photosynthesefläche in der Reifephase zu einer Verzögerung der physiologischen Reife, erkennbar an den höheren Säurewerten, sowie des Mostgewichtsanstiegs führt.

Erfahrungen aus der Praxis insbesondere seit der Jahrtausendwende zeigen eindeutig, dass Anlagen, deren Reife weniger weit fortgeschritten ist, bei feuchtwarmer Witterung in der Reifephase Fäulnisrisiken weniger stark ausgesetzt sind. Dies gilt für einen Befall durch Sekundärpilze und Essigfäule in besonderer Weise.

Tab. 10 zeigt ähnliche Effekte bei Silvaner und Riesling in Rheinhessen. Bisherige Untersuchungen deuten darauf hin, dass es ausreicht, wenn erst bei Reifebeginn die Blattfläche deutlich verringert wird. Dies wäre von beträchtlichem Vorteil, da im Gegensatz zu einem sehr frühen sehr kurzen Laubschnitt besser absehbar ist, ob eine reifeverzögernde Maßnahme sinnvoll ist.

Interessant in den Untersuchungen von Prior (Tab. 10) ist das Ergebnis in der

Tab. 9. *Auswirkungen reifeverzögernder Maßnahmen (Verringerung der Blattfläche durch starkes Einkürzen und hohe seitliche Entblätterung) am Beispiel zweier Rieslingflächen im Rheingau am 22.9.2011 (Abschlussprojekt Technikerausbildung, Gross, J.; 2011)*

	Fläche 1			Fläche 2		
	Kontrolle (hohe Laubwand)	Reifeverzögerungsmaßnahme		Kontrolle (hohe Laubwand)	Reifeverzögerungsmaßnahme	
		Laubwand zu Reifebeginn um ca. 30 cm eingekürzt	Laubwand oberhalb Traubenzone seitlich entblättert		Laubwand zu Reifebeginn um ca. 30 cm eingekürzt	Laubwand oberhalb Traubenzone seitlich entblättert
Mostgewicht [°Oe]	93	82	89	90	79	83
Gesamtsäure [g/l]	9,2	10,5	9,9	9,5	10,1	9,9

Tab. 10. *Auswirkungen reifeverzögernder Maßnahmen (Verringerung der Blattfläche durch starkes Einkürzen) bei Silvaner und Riesling (PRIOR, B.; 2010)*

	Silvaner 2006		
	Hohe Laubwand (Kontrolle)	Niedrige Laubwand (- 30 cm, kurz nach der Blüte)	
Mostgewicht [Oe]	84	67	
Ertrag [kg/a]	308	355	
Mostsäure [g/l]	7,2	7,7	
	Silvaner 2008		
	Hohe Laubwand (Kontrolle)	Niedrige Laubwand (- 30 cm, kurz nach der Blüte)	Niedrige Laubwand (- 30 cm, ab Reifebeginn)
Mostgewicht [Oe]	92	84	82
Ertrag [kg/a]	218	223	228
	Riesling 2007 (Anlage unter Trockenstress)		
	Hohe Laubwand (Kontrolle)	Niedrige Laubwand (- 30 cm, kurz nach der Blüte)	
Mostgewicht [Oe]	93	93	
Ertrag [kg/a]	100	110	
Mostsäure [g/l]	7,1	8,3	

Rieslinganlage, in der die deutliche Verminderung der Blattfläche das Mostgewicht nicht beeinträchtigte. Mögliche Ursache dafür könnte ein niedriger Ertrag sein, bei dem auch eine geringere Blattfläche noch ein ausreichendes Blatt/Frucht-Verhältnis ermöglicht. In diesem Versuch war jedoch vermutlich die knappe Wasserversorgung, unter der die Anlage in der Reifephase litt, die Ursache für das vordergründig unerwartete Ergebnis. In dieser Situation ist mit einer größeren Blattfläche nicht zwangsläufig eine höhere, mostgewichtsteigernde Photosyntheseleistung verbunden, da der Wasserstress die Anlage vermehrt dazu zwingt, Spaltöffnungen zu schließen. Nicht die Kollektorfläche, sondern der Wasserhaushalt erweist sich dann als der die Photosyntheseleistung limitierende Faktor. In den Erläuterungen zum Wasserhaushalt in Kapitel 2.2.2 sind die konkreten physiologischen Zusammenhänge näher dargelegt.

Insgesamt lässt sich feststellen, dass viele Fragen zu dieser Thematik noch nicht hinreichend geklärt sind. Die erwünschte Verzögerung des Mostgewichtsanstiegs hatte in bisherigen Untersuchungen vielfach fragwürdige Auswirkungen auf die Sensorik der Weine. Letztlich dürfte aber die Ungewissheit hinsichtlich des weiteren Witterungsverlaufs nach Durchführung einer reifeverzögernden Maßnahme das größte Problem bleiben.

Neben den bereits erwähnten bieten sich der Praxis noch weitere Ansatzpunkte zur Reifeverzögerung. Allerdings ist dabei die Reifeverzögerung nur ein Nebeneffekt, während die Hauptzielsetzungen anders gelagert sind. So ist beispielsweise bei Minimalschnittsystemen (vgl. Kap. 4.1 und 4.2) verglichen mit Spalierdrahtrahmenanlagen bei gleichem Lesetermin ein Reiferückstand von ca. 10–14 Tagen normal. Auch eine Vollernterausdünnung, deren Hauptziel die Ertragskorrektur und/oder die Erzielung dünner, dickschaliger sehr botrytisfester Beeren ist, führt zu einer temporären Stagnation der Beerenentwicklung und übt dadurch einen reifeverzögernder Effekt aus.

3.3.2 Technik

Der Laubschnitt erfolgt heute fast ausnahmslos mit an Schleppern oder Raupen aufgebauten Laubschneidern. Nur in schlecht mechanisierten Rebanlagen wird noch das anstrengende und arbeitsintensive Gipfeln mit Sichel oder Heckenschere durchgeführt. Alternativ können solche Anlagen aber auch mit motor- oder akkubetriebenen Laubscheren geschnitten werden. Diese arbeiten, wie die Messerbalkenlaubschneider, mit gegenläufigen Doppelmessern. Dabei befindet sich die Laubschere (Doppelmesserbalken) entweder direkt am Grundgerät (Motor oder Akku) oder wird über eine biegsame Welle angetrieben, wobei das Antriebsaggregat auf dem Rücken getragen wird. Letzteres ist handlicher und im Gewicht besser verteilt.

3.3.2.1 Aufbau und Funktion von Laubschneidern

Laubschneider gliedern sich in drei wesentliche Bauelemente:

- am Schlepper befestigte Anbaukonsole für Hubrahmenaufnahme
- Hubrahmen
- Schneidwerkzeuge mit Antriebselementen

Als Antriebsquelle der Schneidwerkzeuge dienen Hydromotoren, die von der Schlepperhydraulik gespeist werden. Der Antrieb der einzelnen Messer erfolgt über Flachriemen, die die Messer miteinander verbinden. Um ein anfälliges Umlenken der Antriebsebenen von horizontal auf vertikal durch Riemen zu umgehen werden Überzeilenlaubschneider mit drei in Reihe geschalteten Hydromotoren (einer oben und an jeder Seite einer) angeboten. Der Ölbedarf bewegt sich im Bereich von 10 bis 25 l/min.

Für eine bessere Bedienbarkeit und Steuerung der Laubschneider bieten die Hersteller spezielle Lösungen an. Mit Hilfe einer Komfortsteuerung, die aus mehreren hydraulischen, elektromagnetisch bedienten Proportionalsteuerventilen besteht, können mehrere Steuerfunktionen über einen Joy-Stick bedient werden. Höhe, Breite, Neigung, Parallelität und Seitenhang sind individuell einstellbar, wodurch eine gute Anpassung an die Laubwand und das Weinbergsgelände möglich ist.

Aufgrund der besseren Übersicht werden Laubschneider mittels eines universellen Anbaurahmens fast ausnahmslos frontseitig befestigt. An den Hubrahmen können auch weitere Stockpflegegeräte, wie Stammputzer, Laubhefter, Entlauber oder Vorschneider angebracht werden. Je nach Gewicht der aufzunehmenden Anbaugeräte gibt es die Anbaurahmen in unterschiedlicher Materialstärke. Zur Ausstattung gehört auch eine Anfahrsicherung mit/ohne Rückstellvorrichtung. Sie bietet Sicherheit durch Wegklappen bei Berührungen von festen Hindernissen. Je nach Bauart unterscheidet man zwischen einseitigen, zweiseitigen und mehrreihigen Systemen, die in L-Form, U-Form (überzeilig) oder als Spazierstock ausgeführt sein können (Abb. 40).

In der weinbaulichen Praxis geht der Trend immer mehr zu überzeilig schneidenden Geräten (U-Form). Besonders bei Begrünung jeder zweiten Gasse sind Überzeilenlaubschneider vorteilhaft, weil der Arbeitseinsatz grundsätzlich in der begrünten Gasse ablaufen kann. Auch für weite Reihenabstände und Terrassen ist ein Überzeilengerät gut geeignet.

3.3.2.2 Schnittsysteme

Nach der Ausführung der Schneidwerkzeuge unterscheidet man zwischen Laubschneidern mit Messerbalken und mit rotierenden Messern. Beide Gerätesysteme können auch miteinander kombiniert werden, z. B. waagrechtes Schneidwerk (Querbalken) mit rotierenden Messern, senkrechtes Schneidwerk mit Messerbalken. Mit diesen „Kombigeräten" werden die Vor- und Nachteile der Schnittsysteme teilweise ausgeglichen. Innerhalb desselben Schnittsystems gibt es bei den verschiedenen Herstellern kaum Unterschiede in der Praxistauglichkeit der Geräte. Die Unterschiede bestehen im Wesentlichen in der Verarbeitungsart, im Material und in den Messerausführungen.

Messerbalkenlaubschneider arbeiten nach dem Mähbalkenprinzip mit gegenläufigem Doppelmesserschneidwerk. Die Verbreitung dieses Systems ist aufgrund des höheren Pflegebedarfs und der geringeren Fahrgeschwindigkeit im Weinbau relativ gering. Die Vor- und Nachteile können wie folgt zusammengefasst werden:

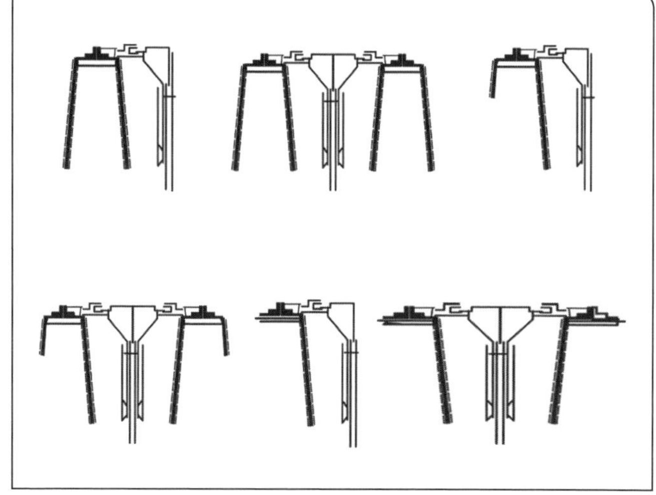

Abb. 40. Bauarten von Laubschneidern (von links nach rechts): Überzeilig einseitig und zweiseitig, Spazierstock einseitig und zweiseitig, L-Form einseitig und zweiseitig.

Vorteile:

- Sauberer und glatter Schnitt.
- Abgeschnittenes Laub wird nicht auf den Fahrer geschleudert.
- Mit diesen Geräten ist auch ein sauberer und exakter Rückschnitt von Minimalschnittanlagen im Winter möglich (vgl. Kap. 4.2).

Nachteile:

- Langsamere Fahrgeschwindigkeit erforderlich.
- Da das Laub bündelweise abfällt, besteht bei nachfolgender Bodenbearbeitung mit einem Grubber oder Stockräumer Verstopfungsgefahr.
- Auf dem oberen Teil der Laubwand bleiben Laubreste vom Querschneidbalken liegen. Diese Laubreste bilden einen Nährboden für Botrytis. Um dies zu vermeiden, wird der Querbalken meist mit rotierenden Messern ausgestattet (Kombigeräte).
- Messerbalkengeräte unterliegen im Vergleich zum System mit rotierenden Messern einem höheren Verschleiß und sind wartungsintensiver.

Laubschneider mit rotierenden Messern arbeiten mit 3 bis 7 zweiflügeligen Messern am Seitenschneidbalken (vertikaler Schneidbalken) und 1 bis 3 Messern am Querschneidbalken (horizontaler Schneidbalken). Die Anordnung der Messer ist so gewählt, dass sie sich überlappen und ein Durchrutschen von Triebteilen nicht möglich ist. Sie sind dabei in einem Winkel von 180° gegenübergesetzt. Die Messerform ist bei den verschiedenen Herstellern unterschiedlich. Der Querschneidbalken befindet sich in der Regel (in Fahrtrichtung gesehen) auf Höhe des Seitenschneidbalkens. Es gibt aber auch Ausführungen, bei denen er vor oder hinter den Seitenschneidbalken angebracht ist. Die große Anzahl der verschiedenen Ausführungen und Verstellmöglichkeiten erlauben das Zusammenstellen eines den individuellen Gegebenheiten angepassten Gerätes. Selbst für Terrassen und Spitzzeilen gibt es technische Lösungen. Für Minimalschnittanlagen (vgl. Kap. 4.1 und 4.2) und Umkehrerziehungen (vgl. Kap. 4.3) werden von einigen Herstellern winkelverstellbare Unterschnittmesser angeboten. Diese können mit Triebhebern kombiniert werden (z. B. ERO Laubschneider Elite). So werden auch tief nach unten hängende Triebe erfasst und geschnitten. Die Vor- und Nachteile von Geräten mit rotierenden Messern können wie folgt zusammengefasst werden:

Vorteile:

- Zügiges, schnelles Arbeiten auch bei dichtem Laub.
- Es bleiben kaum Laubreste in der Laubwand hängen, da die rotierenden Messer die Blattreste wegschleudern.
- Die abgeschnittenen Triebteile werden gut zerkleinert und führen bei der Bodenbearbeitung nicht zu Verstopfungen.

Nachteile:

- Der Fahrer kann beim Fahren von Laubresten getroffen werden.
- Wird zu dicht an der Traubenzone gefahren, können einzelne Trauben beschädigt werden.

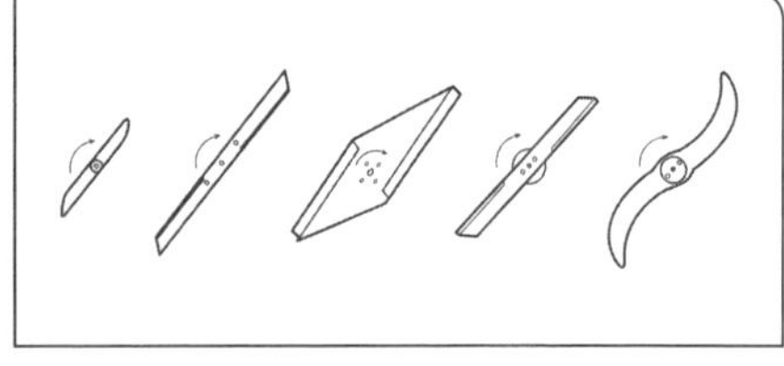

Abb. 41. Verschiedene rotierende Messerformen bei Laubschneidern.

Abb. 42. Messerbalken-Laubschneider beim Winterschnitt in einer Minimalschnitt-Spalieranlage.

Abb. 43. Überzeiliger Laubschneider mit rotierenden Messern.

Abb. 44. Zweiseitiger L-Form Laubschneider mit rotierenden Messern.

Abb. 45. Zweiseitig überzeiliger Laubschneider mit rotierenden Messern und zwei verstellbaren Hubrahmen.

Abb. 46. Akkubetriebene Laubschere.

3.3.3 Kosten und Arbeitswirtschaft

Mit dem Eingang des am Schlepper angebauten Laubschneiders in die Praxis konnte der Arbeitsaufwand beim Laubschnitt drastisch reduziert werden. Pro Arbeitsgang werden nur noch 1 bis 3 Akh/ha benötigt. Mit zweiseitig überzeilig schneidenden Laubschneidern kann bei günstigen Geländevoraussetzungen 1 ha in etwa 35 bis 45 Minuten geschnitten werden (Tab. 11).

Tab. 12 zeigt einen Kostenvergleich verschiedener Laubschneidesysteme. Der maschinelle Laubschnitt mit Laubschneidern ist deutlich preiswerter als der manuelle Laubschnitt. Auch in kleineren Betrieben ist ein Laubschneider rentabel einsetzbar. Zweiseitig arbeitende Laubschneider sind für größere Betriebe interessant, sofern die Anlagen ein gutes Befahren und problemloses Wenden zulassen. Laubschneider

Tab. 11. *Arbeitszeitvergleich (Akh/ha) verschiedener Laubschneider-Gerätesysteme (ohne Rüst- und Wegezeiten, 2 m Gassenbreite, 100 m Zeilenlänge)*

	km/h	h/ha
Laubschneider mit Messerbalken		
einseitig (L-Form)	5,5–7	2,2–2,7
einseitig überzeilig	5,5–7	1,1–1,3
Laubschneider mit rotierenden Messern		
einseitig (L-Form)	7–9	1,8–2,2
einseitig überzeilig	7–9	0,9–1,1
zweiseitig überzeilig	6,5–8,5	0,6–0,8
Laubschneider mit rot. Messern in Kombination mit Grubber/Mulcher		
einseitig (L-Form)	6–8	2,0–2,5
einseitig überzeilig	6–8	1,0–1,3
Motor- oder akkubetr. Laubschere	-	8–11
Heckenschere	-	14–22
Sichel	-	16–26

***Tab. 12.** Arbeitszeit- und Kostenvergleich verschiedener Laubschneidesysteme bei zweimaligem jährlichem Laubschnitt (2 m Gassenbreite, 100 m Zeilenlänge)*

	Manuelles Laubschneiden mit Sichel oder Heckenschere		Einseitiger Laubschneider (L-Form)		Einseitig überzeiliger Laubschneider		Zweiseitig überzeiliger Laubschneider	
Arbeitszeiten bei zweimaligem Laubschnitt (h/ha)	40		4,5		2,5		1,8	
Arbeitskosten Aushilfskraft 8 €/h Fachkraft 15 €/h	Aushilfskr.	Fachkr.	68		38		27	
	320	600						
Schlepperkosten 25 €h (var. und fest)			113		63		45	
Var. Kosten Entlauber €/ha			11		8		10	
Feste Kosten Entlauber €/ha 1)			10 ha	20 ha	10 ha	20 ha	10 ha	20 ha
			80	40	124	62	230	115
Summe Kosten €/ha	320	600	272	232	233	171	312	197

1) Anschaffungskosten einseitiger Laubschneider (L-Form) 6000 €, einseitiger überzeiliger Laubschneider 9500 €, zweiseitiger überzeiliger Laubschneider 18 000 €, Nutzungsdauer 10 Jahre, Zinssatz 5 %, unterstellte jährliche Einsatzfläche 10 bzw. 20 ha

werden häufig mit Bodenpflegegeräten, wie Grubber, Scheibenegge oder Mulcher kombiniert, da die Fahrgeschwindigkeiten beim Einsatz der Geräte gut übereinstimmen. Dadurch können separate Arbeitsgänge und Kosten bei der Bodenpflege eingespart werden. Diese liegen bei rund 30 €/ha bei Pflege jeder Zeile bzw. 15 €/ha bei Pflege jeder zweiten Zeile (jede zweite Zeile begrünt bzw. bearbeitet). Dieses Einsparpotenzial wurde bei der Kostenberechnung nicht berücksichtigt.

3.4 Teilentblätterung (TE)

Im Gegensatz z. B. zur Schweiz und auch einzelnen Regionen Badens führte die Teilentblätterung (TE) der Traubenzone in den meisten deutschen Anbauregionen bis in die 90er Jahre des 20. Jahrhunderts eher ein Schattendasein. Im Wesentlichen beschränkte sich der Kenntnisstand auf 2 Kernaussagen:

- Die Botrytisanfälligkeit der Trauben steigt mit Beginn der Reifephase deutlich an. Eine die Abtrocknung der Trauben fördernde Teilentblätterung in diesem Zeitraum muss sich daher positiv, d. h. mindernd auf den Botrytisbefall auswirken.
- Die Photosyntheseleistung der basalen Haupttriebblätter in der Traubenzone lässt in der Reifephase stark nach. Daher ist eine Entblätterung in diesem Zeitraum ohne nennenswerte Einbußen

an Zuckerproduktion und somit an Mostgewicht möglich.

HILLEBRAND und SCHULZE befassen sich noch in der 7. Auflage ihres 327-seitigen Weinbautaschenbuchs aus dem Jahr 1986 auf nur einer halben Seite mit der Thematik. Auch durch deren Ausführungen werden die o. g. Erkenntnisse und der seinerzeit geringe Stellenwert der Teilentblätterung bestätigt:

- „Diese Sonderlaubbehandlung dient der Verminderung von Beerenfäule, Stielerkrankungen und Erleichterung der Ernte."
- „Nach Untersuchungen von Koblet (Anm. Verf.: 1964) stellen die Basisblätter bis Mitte September ihre Tätigkeit ein."
- „Das Entblättern ... kann daher ab Ende August erfolgen."
- „Trotz positiver Versuche führen die Weinbaubetriebe nur selten eine Entblätterung durch."

An der Allgemeingültigkeit der zitierten Untersuchungen von Koblet hätte man schon lange zweifeln müssen, denn die bis Mitte der 90er Jahre eher sporadischen Untersuchungen zur Thematik zeigten widersprüchliche Ergebnisse im Hinblick auf die Wirkung einer späten TE auf die Mostgewichte. In manchen Versuchen wirkte sich die Maßnahme mindernd auf die Mostgewichtsleistung, in anderen hingegen steigernd aus. Dies lässt erahnen, dass die Dinge so einfach nicht sein können (vgl. Kap. 3.4.2.3).

In der älteren Literatur spielt die Teilentblätterung nur eine untergeordnete Rolle. So wird von SCHEU in seinem Winzerbuch 1950 diese Maßnahme überhaupt nicht erwähnt. BABO und MACH bezeichnen 1910 diese Maßnahme als „Laubausbrechen" und sprechen davon, dass in manchen Regionen eine derartige Maßnahme zwecks Fäulnisverhütung praktiziert wird.

Während in Deutschland in den 70er und 80er Jahren des letzten Jahrhunderts neue Erkenntnisse und Innovationen insbesondere im kellerwirtschaftlichen Sektor als wichtigste Beiträge zur Steigerung der Weinqualität betrachtet wurden, waren die 90er Jahre durch die „Wiederentdeckung" der Bedeutung der Traubenqualität für die Weinqualität und der darauf Einfluss nehmenden weinbaulichen Maßnahmen geprägt. Winzer und Fachleute wurden sich zunehmend (wieder) der Tatsache bewusst, dass Weinbereitung nicht erst im Kelterhaus, sondern bereits im Weinberg beginnt und dass durch entsprechende weinbauliche Maßnahmen eine Steuerung analytischer und sensorischer Traubenbeschaffenheitsmerkmale möglich ist, die ihrerseits Voraussetzung für die Realisierung konkreter önologischer Zielsetzungen ist.

Dies war wesentlicher Anlass, sich verstärkt mit den Vor- und Nachteilen von Entblätterungsmaßnahmen in Verbindung mit ihren vielfältigen Variationsmöglichkeiten (Termin, Intensität, Laubwandseite ...) auseinanderzusetzen. Einen wichtigen Anstoß lieferte dabei auch eine Veröffentlichung von DESBAILLET aus der Schweiz aus dem Jahr 1997 (Abb. 47). Über 5 Jahre hinweg wurden in einer Anlage nach der Blüte 3 unterschiedliche Entblätterungstermine im Hinblick auf ihre Wirkung gegen Botrytis geprüft. Auch wenn es im Einzelfall mal Ausreißer gab, zeigen die Trendlinien für die 5 Jahre deutlich, dass die frühen Entblätterungstermine die größte botrytismindernde Wirkung aufwiesen. Dieses Ergebnis hat damals auch in Deutschland Fachleute angespornt, sich verstärkt mit den Auswirkungen frühzeiti-

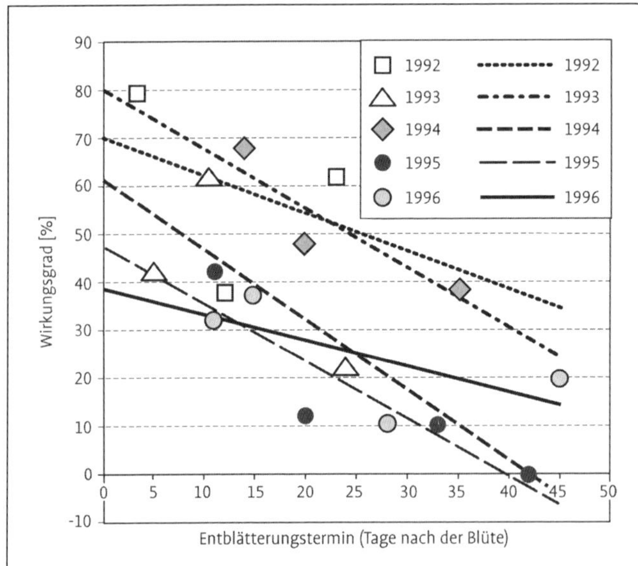

Abb. 47. Wirksamkeit unterschiedlicher Entblätterungstermine auf Botrytis (nach DESBAILLET, C.; 1997).

ger Entblätterungsmaßnahmen, die bis dahin im deutschen Weinbau völlig unüblich waren, auseinanderzusetzen.

3.4.1 Varianten von Teilentblätterungsmaßnahmen

Wie im Folgenden dargestellt, bieten Teilentblätterungsmaßnahmen vielfältige Ansatzpunkte, um zahlreiche wichtige Beschaffenheitsmerkmale der Trauben zu beeinflussen. Maßgeblich dafür verantwortlich ist die große Bandbreite an Variationsmöglichkeiten bei der Durchführung der Maßnahme.

- Bis in die 90er Jahre des letzten Jahrhunderts war die Entblätterung nur im Wege von Handarbeit möglich. Erst die in Deutschland damals verstärkt einsetzenden Versuchsarbeiten zeigten die große Bandbreite der mit dieser Maßnahme einhergehenden Möglichkeiten, die wiederum das Interesse der Praktiker weckte. Dieses gesteigerte Interesse war Voraussetzung für die Nachfrage und Entwicklung geeigneter Maschinen. Obwohl die Mehrzahl der Entblätterungsmaßnahmen zwischenzeitlich **maschinell** durchgeführt wird, hat auch die **manuelle** Teilentblätterung unter bestimmten Rahmenbedingungen nach wie vor ihre Daseinsberechtigung. Eine thermische Entblätterung (Abtötung der Blätter mittels Hitze über Gasbrenner) hat im deutschen Weinbau keine Bedeutung erlangt.
- In der Praxis sind sehr unterschiedliche **Intensitätsstufen der Entblätterung** anzutreffen. Im Arbeitsbereich der Entblätterungsgeräte ist eine vollständige Entblätterung nicht möglich. Saugende Geräte erfassen Blätter im Stockinneren nicht bzw. nur unvollständig. Bei der Druckluftentblätterung müsste für eine vollständige Entblätterung mit so hohen Strömungsgeschwindigkeiten gearbeitet werden, dass es zu einer nicht mehr

akzeptablen Schädigung der Trauben käme. Das Ausmaß der im Arbeitsbereich entfernten Blattfläche hängt von der Fahrweise und Einstellung der Geräte, aber auch zum Beispiel von sortenabhängigen Blattstiellängen ab. Je nach Rahmenbedingungen lassen sich bei beidseitiger Fahrweise in der Entblätterungszone ca. 40–70 % der Blattfläche entfernen. Mit manuellen Maßnahmen ist (mit hohem Arbeitsaufwand!) in der Entblätterungszone auch eine vollständige Entblätterung möglich. Der Nutzen einer derartigen Maßnahme muss jedoch kritisch hinterfragt werden (Abb. 49).

- Neben der Intensität der Entblätterung lässt sich bei manueller Durchführung sowie bei einigen Gerätebauarten auch die **Höhe der Entblätterungszone** (sowohl absolut wie auch in Relation zur gesamten Laubwandhöhe) variieren. Speziell in Flachbogenanlagen ist es bereits mit der Entfernung nur vergleichsweise weniger Blätter möglich, alle Trauben einer guten Belichtung und Belüftung auszusetzen. Mit zunehmendem Biegdrahtabstand nimmt die Höhe der zu entblätternden Zone zu, wenn alle Trauben davon profitieren sollen.
- Für das Ergebnis ist es auch von erheblicher Bedeutung, welche **Laubwandseite** entblättert wird. Bei der maschinellen Entblätterung, insbesondere dann, wenn Sie bereits recht früh um den Blütezeitraum oder kurz danach durchgeführt wird, ist die beidseitige Entblätterung die am häufigsten anzutreffende Variante. Für die Analytik und Sensorik der Trauben ist es speziell bei späten Entblätterungsmaßnahmen in der frühen Reifephase von erheblicher Bedeutung, ob die stärker besonnte oder die stärker beschattete oder beide Seiten entblättert werden:
Bei Rebzeilen, die in Ost-West-Richtung verlaufen, führt auf der Nordhalbkugel der Erde die Entblätterung der Nordseite lediglich zu einer besseren Belüftung, aber kaum zu einer stärkeren Besonnung der in diese Richtung exponierten Trauben bzw. Traubenteile. Die Bewegung der Sonne über den 24-Stunden-Zeitraum eines Tages lässt eine Besonnung aus Richtung Nord nicht zu. Eine Entblätterung der Südseite der Laubwand setzt die auf dieser Seite befindlichen Trauben bzw. Traubenteile hingegen einer extremen Besonnungsintensität und -dauer aus. Naturgemäß ist die Frage, welche Laubwandseite entblättert wird, unter diesen Umständen für das Resultat der Maßnahme von großer Bedeutung.
Bei Zeilen, die in Nord-Süd-Richtung verlaufen, ist die von der Tageszeit abhängige Besonnung auf beiden Laubwandseiten theoretisch vergleichbar. Die Ostseite einer Laubwand profitiert von der Morgensonne und die Westseite von der Nachmittagssonne. De facto ist jedoch die Westseite als die stärker besonnte Seite zu betrachten, da die Nachmittagssonne in der Regel mit deutlich höheren Temperaturen einhergeht. Die höhere Temperatur verstärkt einige Effekte der Besonnung (z. B. Säureabbau in den Beeren, Phenolbildung, Sonnenbrandrisiko). Wer also bei Nord-Süd-Zeilung die Westseite entblättert, muss diesbezüglich mit stärkeren Effekten rechnen.
Da nach Süden geneigte Hanglagen aufgrund des höheren Strahlungsgenuss die im deutschen Weinbau am häufigsten anzutreffenden Hanglagen sind und die Zeilenrichtung in der Regel in Fallli-

nie verläuft, kommt der Situation b) die größere praktische Relevanz zu.
Bei allen Zeilenverläufen, die zwischen der Situation a) und b) liegen, ist die tendenziell stärker gegen Süden ausgerichtete Laubwandseite als die stärker besonnte zu betrachten, bei der eine Entblätterung stärkere Effekte als auf der Gegenseite hätte.

- Eine weitere äußerst wichtige Variationsmöglichkeit ist die **Terminierung** der Maßnahme. Auch diesbezüglich sind in der Praxis alle denkbaren Variationen anzutreffen. Eine Entblätterung

Abb. 48. Sinnvolle späte Entblätterungsstrategie (kurz nach Reifebeginn) bei Riesling; deutliche Entblätterung auf der Ostseite (rechts) und moderate Entblätterung auf der Westseite (links); entblättert wurde zur Gewährleistung eines ausreichenden Blatt/Frucht-Verhältnisses nach dem Motto „so viel wie nötig, aber so wenig wie möglich".

Abb. 49. Fragwürdige extrem starke späte beidseitige Entblätterung (kurz nach Reifebeginn) bei Silvaner.

in der beginnenden Blüte kann, je nach Ziel, ähnlich sinnvoll sein, wie eine Entblätterung erst in der fortgeschrittenen Reifephase. Im Gegensatz zur manuellen Entblätterung ist das Zeitfenster, in dem bestimmte Maschinen zum Einsatz kommen können, jedoch begrenzt, da andernfalls inakzeptable Schädigungen der Trauben auftreten können. Diesbezüglich sind Geräte mit saugend-zupfender Entblätterungstechnik breiter einsetzbar als Geräte mit saugend-schneidender Entblätterungstechnik oder Druckluftentblätterungstechnik (vgl. Kap. 3.4.6).

Die Ausführungen lassen erahnen, dass die Frage nach der im Hinblick auf die erwähnten Variationsmöglichkeiten „richtigen“ Vorgehensweise nur beantwortet werden kann, wenn die Rahmenbedingungen und Zielsetzungen bekannt sind. Eine Maßnahme, die unter bestimmten Bedingungen als äußerst sinnvoll einzustufen ist, kann unter gänzlich anderen Bedingungen absolut kontraproduktiv oder unsinnig sein.

3.4.2 Ziele und Möglichkeiten der Beeinflussung von Qualitätskriterien

3.4.2.1 Ertragsleistung und Traubenstruktur

Bei einer frühen Teilentblätterung der Traubenzone im oder kurz nach dem Blütezeitraum werden die zu diesem Zeitpunkt leistungsfähigsten Blätter des Stockes entfernt. Im Kapitel 2.2.3.2 wurde die Bedeutung der Assimilatversorgung für den Blüteerfolg (Durchblührate, Kernzah-

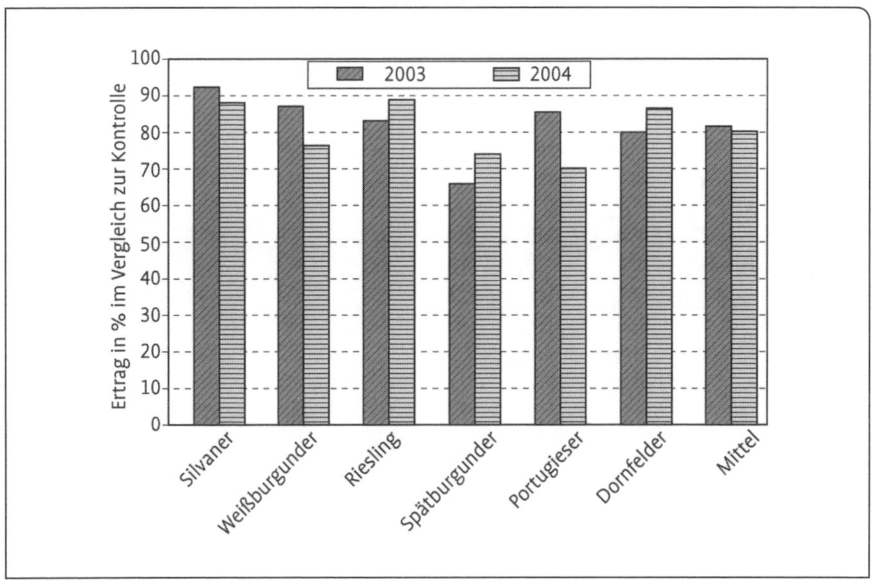

Abb. 50. Einfluss einer frühen beidseitigen Teilentblätterung in der abgehenden Blüte oder kurz nach der Blüte mit ERO-Laubsauger in den Jahren 2003 und 2004; Ertrag in % im Vergleich zur unbehandelten Kontrolle (WALG, O.; 2006).

len, Kerngewicht) sowie das Dickenwachstum in der Zellteilungsphase der Beeren beleuchtet. Aus diesen Erläuterungen lassen sich auch die zu erwartenden Folgen einer frühen Teilentblätterung für die Traubenstruktur und den Ertrag ableiten:

a) Findet die TE bereits im Blütezeitraum statt, ist mit Ertragsminderungen von 15 bis 30 % zu kalkulieren. Sowohl die Beerenzahlen pro Traube wie auch die späteren Beerendicken werden reduziert. Diese ausschließlich durch Verlust an Assimilationsleistung induzierte Ertragsminderung kann noch gesteigert werden, wenn saugend-schneidende Geräte mit Kreiselmesser (ERO, CLEMENS) zum Einsatz kommen, die auch Teile von Gescheine oder Trauben abtrennen können.
Bekanntermaßen ist der Blüteerfolg auch in hohem Maße witterungsabhängig. Insbesondere kühles lichtarmes Wetter kann aufgrund der geminderten Photosyntheseleistung den Blüteerfolg und damit auch die spätere Ertragsleistung stark beeinträchtigen. Wind und längere Regenphasen verschärfen die Situation. Dabei treten noch weitere, den Blüteerfolg störende Phänomene auf wie z. B. Abwaschen von Blütenpollen von der Narbe des Fruchtknotens (bei Starkregen), Aufplatzen der Pollenkörner (bei anhaltender Nässe) oder eine zunehmend schlechtere Keimfähigkeit der Pollenkörner, wenn sich die Blüte zu stark verzögert. Sehr ungünstige Witterungsbedingungen können zu einer starken Verrieselung der Trauben führen (geringe Durchblührate, niedrige Kernzahl und Kerngewichte).
Diese Problematik war früher bei einer Vielzahl von alten Standardsorten (z. B. Riesling, Frühburgunder, Traminer) sehr gefürchtet, da sie in Jahren mit schlechter Blütewitterung zu unwirtschaftlich niedrigen Erträgen führen kann. Bei feuchten Bedingungen kann es zusätzlich zu Verlusten durch Ge-

Abb. 51. Stark verrieselte Traube der Sorte Merlot ca. 4 Wochen nach Blüteende (links) und kompakte Rieslingtraube mit beginnender Fäulnis (rechts).

scheinsbotrytis kommen. Die Klonenzüchtung hat bei vielen alten, früher als verrieselungsanfällig eingestuften Standardsorten zu einer Verbesserung der Blütestabilität geführt, so dass dieses Problem an Dramatik verloren hat. Die meisten in den letzten 100 Jahren aus Kreuzungszüchtung hervorgegangenen neuen Sorten zeigen eine geringe Verrieselungsneigung.
Dennoch sollten witterungsbedingte Verrieselungsrisiken bei im Blütezeitraum geplanten Teilentblätterungsmaßnahmen berücksichtigt werden. Lässt die zu Beginn der Blüte herrschende Witterung und insbesondere die Prognose für die nächsten Tage einen witterungsbedingt gestörten Blüteablauf erwarten, bergen Teilentblätterungsmaßnahmen im Blütezeitraum ein beträchtliches Risiko eines unwirtschaftlich niedrigen Ertrags. Verläuft die Witterung besser als erwartet, so lässt sich auch mit einer Entblätterung in der abgehenden Blüte noch ein moderater Verrieselungs- und damit einhergehend in der Regel ausreichender Auflockerungseffekt erreichen. Ist das Wetter schlecht und die Blüte zieht sich lange hin, so ist es ratsam, mit Entblätterungsmaßnahmen solange abzuwarten, bis sich die Fruchtknoten sichtbar verdicken. Dabei gehört eine gewisse Erfahrung dazu, um in diesem Stadium den Blüteerfolg im Sinne der zu erwartenden Traubengewichte und des Packungsgrads der Trauben bewerten zu können. Zeigt sich dann das Blüteergebnis besser als befürchtet, kann auch mit einer Entblätterung in der frühen Zellteilungsphase noch ein beträchtlicher botrytismindernder Effekt erzielt werden.

b) Fruchtknoten, bei denen nach Blüteende eine sichtbare Verdickung bereits eingesetzt hat, werden durch eine anschließende Teilentblätterung nicht mehr abgestoßen. Allerdings führt die reduzierte Assimilatversorgung zu einem verlangsamten Zellteilungszyklus, so dass in den Beeren während der 4 bis 7 Wochen dauernden Zellteilungsphase weniger Zellen angelegt werden. Bei einer TE in der frühen Zellteilungsphase unmittelbar nach der Blüte kann man von Ertragsminderungen zwischen ca. 10 bis 20 % ausgehen. Bereits MÜLLER-THURGAU (zitiert in BABO und MACH, 1910) berichtet von einer „Wachstumshemmung" der Trauben als Folge einer derartigen Maßnahme. Je länger mit der Maßnahme gewartet wird, desto geringer wird der Einfluss auf den Packungsgrad und damit auch den Ertrag.
c) Teilentblätterungsmaßnahmen, die erst nach Ende der Zellteilungsphase durchgeführt werden, haben in der Regel keinen nennenswerten Einfluss auf die Traubenstrukturen und Ertragsleistung.

Eine Ausnahmesituation im Sinne einer Ertragssteigerung durch Teilentblätterung kann sich ergeben, wenn in Jahren mit extrem hohem Botrytisdruck der Botrytisbefall durch eine Teilentblätterung wesentlich reduziert wird. In einer solchen Situation kann in einer nicht entblätterten Anlage die durch Botrytis ausgelöste Ertragsminderung größer ausfallen als eine bewusst herbeigeführte Ertragsminderung einer Teilentblätterung, die aber in der Folge zu deutlich gesünderen Trauben führt.

Eine Reihe anderer Maßnahmen zur Ertragslenkung können sich teilweise sehr nachteilig auf den Botrytisbefall auswirken. Gefährlich sind insbesondere diejenigen Maßnahmen, die die Traubenzahlen reduzieren. Die Rebe reagiert darauf mit

Kompensationseffekten. Bei Maßnahmen, die bereits vor der Blüte durchgeführt werden (zum Beispiel Triebzahlreduzierung, Reduzierung der Gescheinszahl, geringer Anschnitt, Halbierung der Gescheine) kommt es bereits während der Blüte zu unerwünschten Reaktionen (höhere Durchblühraten, höhere Kernzahlen), wodurch die Bildung sehr kompakter Trauben begünstigt wird. Das klassische Verfahren der Ertragsregulierung, die Ausdünnung ganzer Trauben („grüne Lese") nach der Blüte kann zwar den Blüteerfolg nicht mehr beeinflussen, begünstigt jedoch das Dickenwachstum der Beeren, wenn die Maßnahme noch in der Zellteilungsphase der Beeren durchgeführt wird. Gleiches gilt für die Traubenhalbierung. Die dickeren Beeren sorgen aufgrund der Halbierung der Trauben (Platzgewinn für die verbleibenden Beeren) bei dieser Maßnahme zwar nicht für erhöhten Botrytisdruck, sind aber in Anbetracht der Verschiebung des Schalen/Fruchtfleisch-Verhältnisses zu Gunsten des Saftanteils eher unerwünscht.

Übermäßig kompakte Trauben als mögliches Resultat derartiger Maßnahmen sind in Jahren mit feuchtwarmer Witterung in der Reifephase einem extremen Botrytisdruck ausgesetzt. Die frühzeitige Teilentblätterung führt insofern zur wünschenswertesten Form der Ertragsminderung (lockerere Trauben mit niedrigerem Traubengewicht bei Beibehaltung der Traubenzahl).

3.4.2.2 Traubengesundheit

Die wohl wichtigste Zielsetzung einer Teilentblätterung dürfte deren maßgeblicher Beitrag zur Verbesserung der Traubengesundheit sein.

Der erwähnten Publikation aus der Schweiz (Desbaillet, C.; 1997) war zu entnehmen, dass der botrytismindernde Effekt einer Entblätterung im Schnitt mehrerer Jahre umso größer war, je früher die Entblätterung durchgeführt wurde. Dies ist insofern erstaunlich, als ein nennenswerter Botrytisdruck erst mit Beginn der Reife einsetzt, während – je nach Sorte und Jahrgang – das Befallsrisiko in den ca. 7 bis 10 Wochen zwischen Blüteende und Reifebeginn noch recht gering ist. Eine Entblätterung zu einem Zeitpunkt, an dem Botrytis noch kein Thema ist, die zudem auch dazu führt, dass dann, wenn der Botrytisdruck ansteigt (Reifephase), die Traubenzone sich moderat wieder belaubt, wirkte demnach besser als eine Entblätterung in der Zeit, in der der Druck ansteigt und bei der aufgrund weitestgehend ausbleibender Wiederbelaubung die Trauben freier hängen. Das vor diesem Hintergrund durchaus überraschende Ergebnis hat seinerzeit unter anderem die Frage nach den Wirkungsmechanismen einer Teilentblätterung zur Botrytisvorbeugung aufgeworfen. Inzwischen wurden die Ergebnisse von Desbaillet vielfach bestätigt und die Frage nach den Ursachen für das vordergründig überraschende Resultat darf als geklärt betrachtet werden.

Die besonders gute Botrytiswirkung früher Entblätterungsmaßnahmen basiert auf mehreren Wirkungsmechanismen.

a) Eine frühe Entblätterung setzt die jungen Trauben frühzeitig einer verstärkten Besonnung aus. Die höhere Strahlungsintensität und -dauer löst Reaktionen aus, die als Schutzmechanismen gegen die höhere UV-Belastung und die höhere kutikuläre Wasserverdunstung zu bewerten sind:
   Eine Verdickung der Kutikula (Wachsschicht) ist die morphologische Reaktion auf die höheren Transpirationsraten stark besonnter Beerenoberflächen.

Dieser Effekt wird bereits von MÜLLER-THURGAU beschrieben.
Eine vermehrte Produktion von Phenolen und Carotinoiden ist eine physiologische Schutzreaktion gegen die verstärkte UV Bestrahlung.
Für Botrytis stellt die Kutikula eine Barriere dar. Je dicker und stabiler sie ist, desto wirksamer ist sie. Ob auch die erhöhte Phenolkonzentration einen Abwehreffekt gegen den Pilz hat, ist unklar, kann aber nicht ausgeschlossen werden.

b) Von entscheidender Bedeutung für die botrytismindernde Wirkung sind fraglos die mit einer frühen Teilentblätterung einhergehenden Auswirkungen auf die Traubenstruktur (vgl. Kap. 3.4.2.1). Die Gefahr für Botrytisinfektionen steht in direktem Zusammenhang mit der Benetzungsdauer der Beeren durch Wasser. Insbesondere das Traubeninnere lockerer Trauben trocknet deutlich schneller ab als das Traubeninnere sehr kompakter Trauben. Die relative Luftfeuchtigkeit bleibt geringer und in die Traube einfallendes Sonnenlicht beschleunigt den Abtrocknungsprozess. Die bessere Belichtung und Belüftung der freigestellten Trauben beschleunigt das Abtrocknen zusätzlich.

c) Die vorgenannten Effekte verbessern auch die Anlagerung botrytiswirksamer Fungizide. Die Trauben hängen nicht nur freier, sondern sind auch lockerer, so dass die Anlagerungsbedingungen sich vor allem im Inneren der Traube entscheidend verbessern. Dies gilt in besonderer Weise für die Stielgerüste. Aus arbeitswirtschaftlichen Gründen oder aufgrund einer Unbefahrbarkeit offener Böden nach stärkeren Niederschlä-

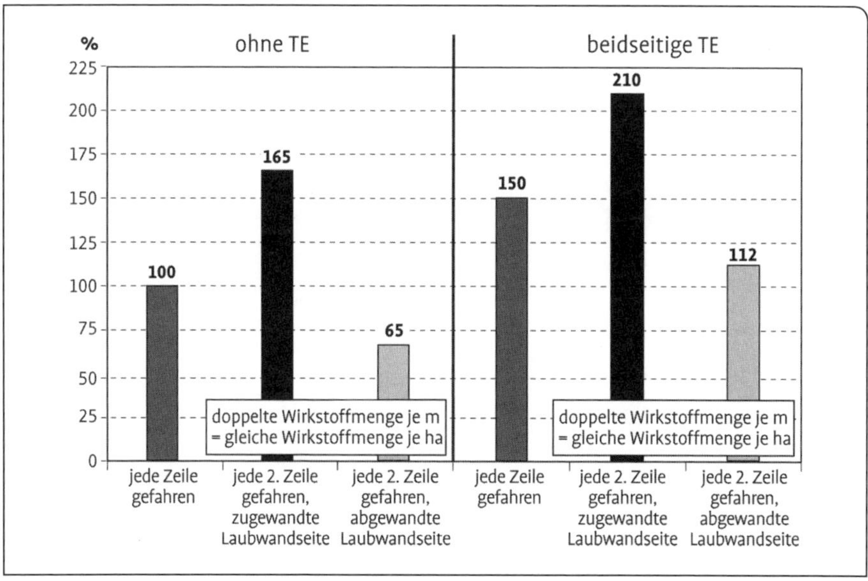

Abb. 52. Relative Belagsmassen an Beeren mit und ohne Entblätterung; Mittelwerte aus 7 Messungen mit 4 Gebläsebauarten (nach KNEWITZ u. WALG, 2006); Kontrollvariante (jede Zeile gefahren, keine TE) = 100 %.

gen ist es nach wie vor in vielen Betrieben gängige Praxis, auch beim Einsatz konventioneller Sprühgeräte nach der Blüte nur jede zweite Gasse zu befahren. Eine schlechtere Benetzung der Trauben auf den vom Sprühgerät abgewandten Laubwandseiten in der unbefahrenen Gasse ist die logische Konsequenz. Eine Teilentblätterung der Traubenzone kann vor allem auf den dem Sprühgerät abgewandten Laubwand- und Traubenseiten die Belagsqualität deutlich verbessern, weil im Bereich der entblätterten Traubenzone mehr Sprühnebel durchgeblasen wird und die dahinter liegende Traubenzone der nicht befahrenen Gasse erreicht (Abb. 52).

d) Erst vor kurzem hat man festgestellt, dass eine Teilentblätterung auch Sauerwurmbefall reduzieren kann und dadurch auch Botrytis als potenziellem Folgeproblem vorbeugen kann (Abb. 53). Ob hier eher die veränderten Entwicklungsbedingungen für abgelegte Eier oder eine geringere Attraktivität frei hängender Trauben für die Eiablage für diesen Effekt entscheidend ist, ist jedoch unklar.

e) Seit der Jahrtausendwende werden insbesondere aus Regionen mit früher Traubenreife vermehrt Probleme über starken Besatz der Trauben durch Ohrwürmer gemeldet. Eine große Zahl an Ohrwürmern im Lesegut stellt an sich bereits ein Problem dar. Die Tiere können in Stresssituationen Substanzen (2-Methyl-l,4-Benzochinon) abgeben, die zu einer sensorischen Beeinträchtigung der Weine führen können. Es gilt auch als unstrittig, dass stark mit Ohrwürmern besetzte Trauben ein erhöhtes Botrytisrisiko aufweisen:
Abgesonderter Kot ist ein idealer Nährboden für die Ansiedlung von Botrytis. Die Laufaktivität der Ohrwürmer sorgt für die Verbreitung von Sporenmaterial. Die Tiere fressen zwar vorrangig an bereits verletzten Beeren, aufgrund von

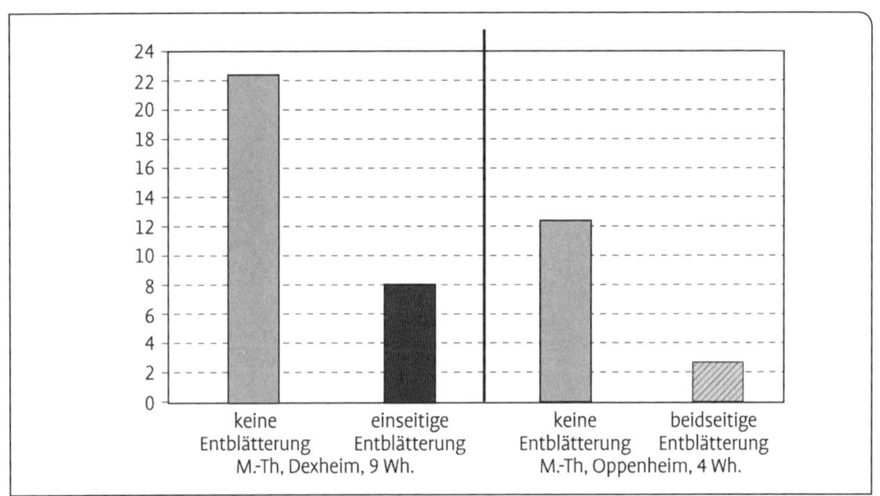

Abb. 53. Einfluss einer Teilentblätterung auf den Sauerwurmbefall auf 2 Müller-Thurgau-Standorten (nach HILL, G., 2009).

Laboruntersuchungen kann aber nicht ausgeschlossen werden, dass sie auch intakte Beeren an der Traube angreifen, falls sie keine verletzten Beeren vorfinden. Beim Fehlen vorgeschädigter Beeren, waren sie in den Versuchen in der Lage, auch intakte Beeren zu öffnen. Die Ohrwürmer halten sich tagsüber vorrangig im Inneren der Traube auf, während sie nachts auf Blättern und Trauben unterwegs sind und dabei durchaus auch eine Nützlingsfunktion ausüben. Die besondere Attraktivität des Traubeninneren ist darauf zurückzuführen, dass die Tiere sich im Dunkeln und bei erhöhter Luftfeuchtigkeit besonders wohl fühlen. Traubenauflockernde und die Abtrocknung beschleunigende Maßnahmen verschlechtern demnach die Attraktivität der Trauben als bevorzugter Aufenthaltsort. Insofern ist es leicht erklärbar, warum in den aufgelockerten und frei hängenden Trauben frühzeitig entblätterter Anlagen deutlich weniger Ohrwürmer angetroffen werden (Abb. 54).

f) Neben dem gegenseitigen Abquetschen von Beeren und dem höheren Infektionsrisiko aufgrund längerer Nässephasen in dichtgepackten Trauben ist auch das Aufplatzen von Beeren eine wichtige Ursache für das Entstehen von Botrytis. Freiliegendes Fruchtfleisch kann der Pilz besonders leicht besiedeln. Vom Risiko des Aufplatzens sind in sortenabhängig unterschiedlichem Ausmaß durchaus auch dünne Beeren sowie Beeren in lockeren Trauben betroffen (Abb. 55). Das Phänomen ist demnach losgelöst von Packungsgrad der Trauben zu betrachten.
Auch diese Problematik hat sich in den letzten Jahren verschärft. Ursachenforschung ist im Gange und Abwehrstrategien werden diskutiert. Dabei ist eine Vielzahl von Fragen noch nicht hinreichend geklärt bzw. manche bisher vorliegende Forschungsergebnisse

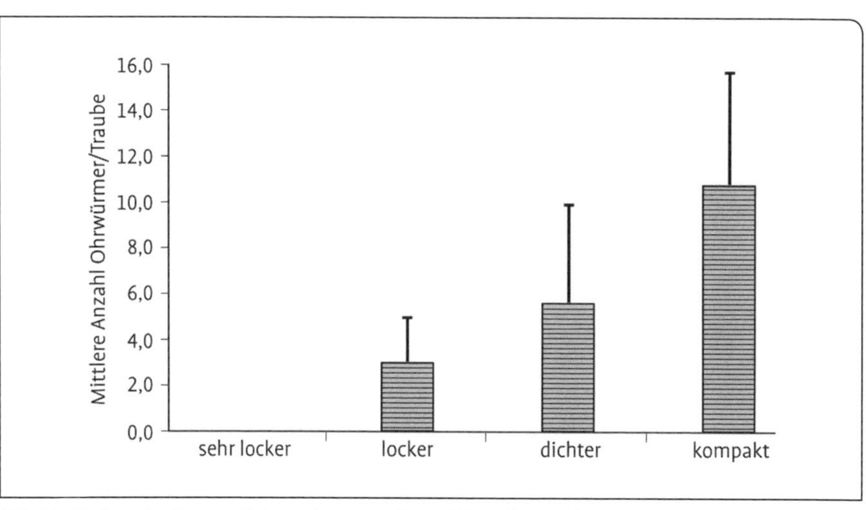

Abb. 54. Einfluss des Kompaktheitsgrads von Trauben auf den Ohrwurmbesatz in einer Spätburgunderanlage (nach BREUER, M.; 2008).

Abb. 55. Aufplatzende Beeren in lockerer Traube.

sind widersprüchlich. Im Gegensatz zu einer ganzen Reihe für diese Indikation beworbener Blattdünger und Pflanzenhilfsmittel, bei denen sich die ausgelobten Wirkungen in Versuchen nicht bestätigt haben, hat die Teilentblätterung eine relativ verlässliche Wirkung gegen das Aufplatzen gezeigt (HILL, G.; 2009). Dies gilt allerdings nicht für alle Formen der Teilentblätterung. Eine relativ frühzeitige Teilentblätterung gekoppelt mit einem Freihalten der Trauben durch eine nochmalige Entblätterung während der Reifephase hat sich als am wirksamsten erwiesen. Obwohl der absolute Wirkungsgrad der Maßnahme oft nicht befriedigt, kann die Schutzwirkung im Vergleich zu den diskutierten Alternativen zumindest als relativ verlässlich eingestuft werden. Die Wirkungsmechanismen für den beobachteten Effekt sind noch nicht hinreichend geklärt. Vermutlich

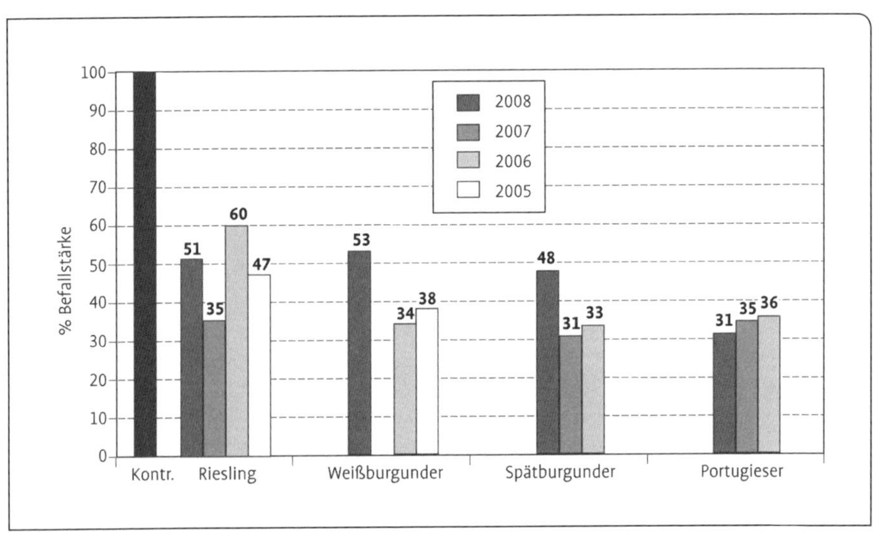

Abb. 56. Prozentualer Botrytisbefall bei der frühen Teilentblätterung im Vergleich zur Kontrolle bei 4 Rebsorten über 4 Jahre (nach WALG, O.; 2009).

spielen die bereits erwähnten Abhärtungseffekte zumindest eine Rolle.

Zusammenfassend erweist sich die frühe Teilentblätterung im Kampf gegen die Botrytis und Sekundärfäuleerscheinungen demnach als eine Maßnahme mit multiplen Wirkungsmechanismen. Späte Teilentblätterungsmaßnahmen können nur auf dem Wege des beschleunigten Abtrocknens eine Wirkung entfalten, die im Einzelfall auch durchaus beträchtlich sein kann. Aber nur die frühe Entblätterung führt zu den beschriebenen physiologischen, anatomischen und morphologischen Reaktionen der Traube, die insbesondere bei zur Kompaktheit neigenden Sorten bzw. Klonen für hohe und verlässliche Wirkungsgrade sorgen (Abb. 56). Frühe Teilentblätterungsmaßnahmen sind daher in vielen Betrieben heute ein selbstverständlicher Baustein der Botrytis-Abwehrstrategie geworden. Zu der hohen Akzeptanz hat sicherlich auch die Entwicklung leistungsfähiger Maschinen mit befriedigender Arbeitsqualität beigetragen.

Die verlässliche und gute Wirkung gegen Botrytis bietet eine Vielzahl von Möglichkeiten bzw. Rechtfertigungsgründen:

- Frühe Teilentblätterung wird in manchen Betrieben als Alternative zum Einsatz von Botrytiziden betrachtet. Die Kosten für die Maßnahme amortisieren sich bei einem Verzicht auf den Einsatz dieser vergleichsweise teuren Produkte (Abb. 57). Insbesondere bei sehr kompakten Sorten/Klonen sind die erzielbaren Wirkungsgrade oft sogar höher.
  Die guten Wirkungen erlauben es auch, gewisse Nachlässigkeiten in der Applikationsqualität eher in Kauf nehmen zu können (Abb. 58).
- Im Rahmen von Ertragsregulierungsstrategien können bestimmte Maßnahmen den Botrytisdruck erhöhen, weil sie an den Trauben für Kompensations-

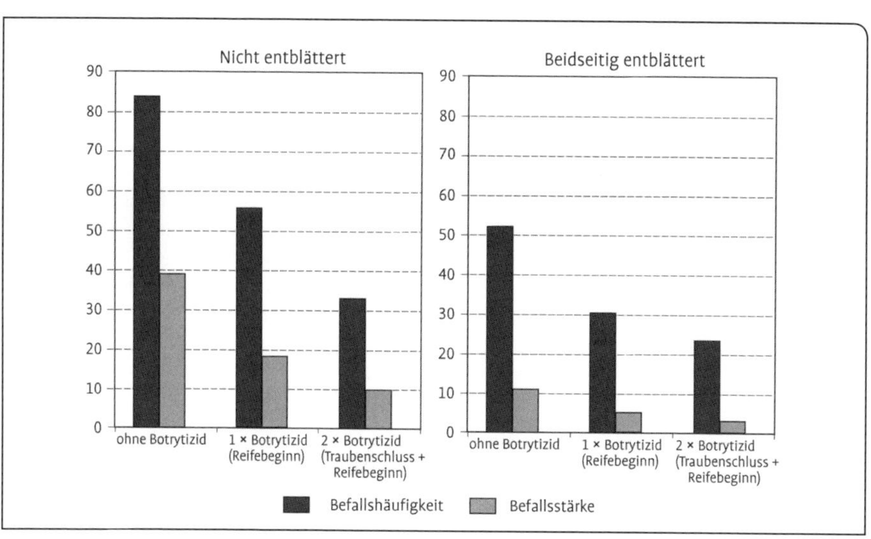

Abb. 57. Die Wirkung früher beidseitiger maschineller TE im Vergleich zur Wirkung des Botrytizideinsatzes bei Silvaner 2006 (nach Walg, O.; 2007).

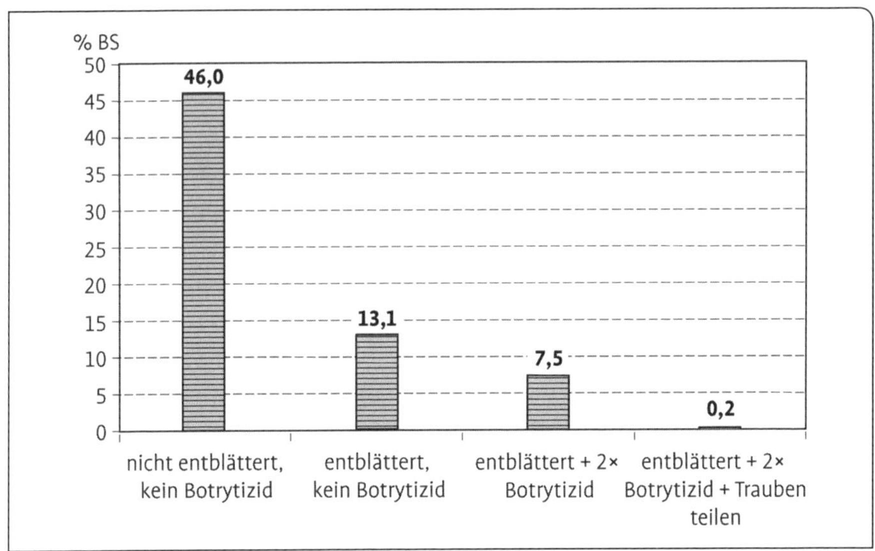

Abb. 59. Auswirkungen kombinierter Maßnahmen auf Botrytisbefall bei Grauburgunder 2007 (nach GRIEBEL, T.; 2007).

effekte sorgen (vgl. Kap. 3.4.2.1.). Hier kann der traubenauflockernde Effekt einer zusätzlich durchgeführten frühen Teilentblätterung für den notwendigen Ausgleich sorgen.

- Ein geradezu unentbehrlicher Baustein ist die Teilentblätterung in der Produktion von hochwertigen Premiumweinen geworden, bei denen die Toleranzschwelle für Botrytis besonders niedrig liegt. Die Kombination einer frühen Teilentblätterung mit weiteren Maßnahmen (z. B. Traubenhalbierung und/oder Botrytizideinsatz) kann auch bei anfälligen Sorten für sehr hohe Wirkungsgrade sorgen und Botrytis weitestgehend vermeiden (Abb. 59). Die aufgrund der dünneren Beeren und besseren Belichtungsverhältnisse zu erwartende Intensivierung der Aromatik, bzw. der Farbe bildet einen weiteren Rechtfertigungsgrund.

3.4.2.3 Auswirkungen auf Analytik und Sensorik von Most und Wein

Mostgewicht: Mit der Entfernung von Blättern geht immer ein Verlust an Photosyntheseleistung einher. Im Blütezeitraum und in der Zellteilungsphase der Beeren wirkt sich eine reduzierte Photosyntheseleistung ertragsmindernd aus (vgl. Kap. 2.2.3.2). Nach Ende der Zellteilung, insbesondere aber ab Reifebeginn sorgt der an die Trauben gelieferte Zucker für die Anreicherung wichtiger organischer Inhaltsstoffe. So erreichen die Trauben am Ende der Sistierungsphase ihr Säuremaximum und auch eine beträchtliche Konzentration an Stärke. Mit dem Reifebeginn steigt dann die Zuckerkonzentration rapide an. Die Photosyntheseleistung während der Reifephase in Relation zum Ertrag entscheidet wesentlich über das spätere Mostgewicht (Menge/Güte-Beziehung).

Das Mostgewicht wird heute zu Recht nicht mehr als der alleinige sondern nur noch als einer von vielen Qualitätsparametern der Traube betrachtet. Dennoch sind gezielte oder auch aus Unkenntnis getroffene Entscheidungen und Maßnahmen, die sich mostgewichtsmindernd auswirken, kritisch zu sehen, denn bei gesunden Trauben besteht i. d. R. eine positive Korrelation zwischen deren Zuckerkonzentration und der Konzentration anderer wertbestimmender Inhaltsstoffe. Nur dann, wenn z. B. aus phytosanitären Überlegungen oder zur Verringerung der Alkoholgehalte oder Stabilisierung der Säure eine Reifeverzögerung explizit erwünscht ist, sind mostgewichtsmindernde Maßnahmen erwägenswert.

Welche Wirkungen sind zu erwarten und wie sind die in Versuchen beobachteten unterschiedlichen Auswirkungen von Teilentblätterungsmaßnahmen auf das Mostgewicht zu erklären? Wie in Kap. 3.4 angedeutet, kam KOBLET Mitte der 60er Jahre des 20. Jahrhunderts in seinen für die damalige Zeit wegweisenden Untersuchungen über die Photosyntheseleistung von Blättern und die Assimilattransportvorgänge in der Rebe zu der Erkenntnis, dass die tief angeordneten Haupttriebblätter in der Traubenzone in der Reifephase eine zunehmend geringere Leistung aufweisen, so dass deren Entfernung sich kaum mostgewichtsmindernd auswirkt. Diese Aussage steht im Widerspruch zu den teilweise beobachteten deutlichen Mostgewichtminderungen, die infolge später Teilentblätterungsmaßnahmen gelegentlich beobachtet wurden. Für die widersprüchlichen Ergebnisse gibt es jedoch durchaus Erklärungen:

a) In der Praxis ist der Chlorophyllstatus der bei späten Entblätterungsmaßnahmen entfernten Haupttriebblätter sehr unterschiedlich. Weisen die Blätter bereits deutliche Chlorophyllverluste auf, z. B. infolge von Trockenheit, dem Befall durch tierische Schädlinge (z. B. Rebzikaden, Spinnmilben), Nährstoffmangel (speziell K oder Mg) oder aufgrund pilzlicher Erkrankungen, so sind diese Blätter eher als „Sonnenschirme" aber kaum noch als leistungsfähige „Sonnenkollektoren" zu bewerten, weil ihre Leistungsfähigkeit in unmittelbarem Zusammenhang mit dem Chlorophyllstatus steht. Werden mit späten Entblätterungsmaßnahmen überwiegend solche Blätter entfernt, bleiben die Auswirkungen auf die Photosyntheseleistung und damit auch die Mostgewichtsleistung gering.
b) Die Photosyntheseleistung von Blättern steht in unmittelbarem Zusammenhang mit ihrer Belichtungsdauer und Belichtungsintensität. Je höher die Laubwände und je schmaler die Gassenbreiten sind, umso schlechter ist es um die Belichtung der tief angeordneten Haupttriebblätter in der Traubenzone bestellt. Aufgrund des zum Herbst zunehmend flacher werdenden Kreisbogens, den die Sonne im Tagesverlauf am Himmel beschreibt, verschlechtert sich die Belichtung dieser Blätter in den Spätsommer- und Frühherbstmonaten kontinuierlich. Werden in Anlagen mit schmalen Gassen und hohen Laubwänden Blätter in der Traubenzone entfernt, so geht damit in der Reifephase nur ein unbedeutender Verlust an Photosyntheseleistung einher, da diese Blätter in diesem Zeitraum ohnehin nur noch einen geringen Lichtgenuss aufweisen. Unter diesen Rahmenbedingungen hat seinerzeit auch KOBLET seine Untersuchungen gemacht, womit seine Ergebnisse und Erkenntnisse nachvoll-

ziehbar werden. Diese Ergebnisse gelten folgerichtig nur mit Einschränkungen, wenn die zu entfernenden Blätter in der Reifephase noch über einen guten Lichtgenuss verfügen. Bei den heute gängigen Gassenbreiten um 2 m ist dies jedoch durchaus der Fall. Werden in solchen Anlagen intakte Haupttriebblätter mit gutem Chlorophyllstatus in der Reifephase entfernt, so kann der Einbruch an Photosyntheseleistung und damit auch Mostgewichtsleistung durchaus beträchtlich sein.

c) Je nach Standort- und Witterungsbedingungen werden im deutschen Weinbau bei BFV-Werten zwischen ca. 16 bis 22 cm²/g (vgl. Kap. 2.6 und 3.3.1.3) bei durchschnittlichen Rahmenbedingungen maximale Mostgewichtsleistungen erzielt. Noch höhere Werte führen in der Regel zu keinen oder nur noch zu unwesentlichen Mostgewichtssteigerungen, während bei BFV-Werten, die deutlich unter den oben genannten Werten liegen, deutliche Mostgewichtseinbußen zu erwarten sind. Ist in einer Anlage bei hoher Blattfläche das Ertragsniveau niedrig, dann kann das BFV deutlich oberhalb der für maximale Mostgewichtsleistung benötigten Werte liegen. Werden in einer solchen Anlage Blätter entfernt, dann kann auch nach Durchführung dieser Maßnahme das BFV immer noch im Optimalbereich liegen. In dieser Konstellation sind kaum nennenswerte Mostgewichtseinbußen zu erwarten. Hat hingegen eine Anlage aufgrund einer sehr hohen Ertragsleistung oder zu geringen Trieblänge bereits von vornherein ein suboptimales BFV, so führt eine Entfernung von Blättern zu einer weiteren Verschlechterung und damit mit hoher Wahrscheinlichkeit auch zu Mostgewichtseinbußen.

Beispiel:

- Aufgrund der sehr hohen Traubenerträge pro Trieb, der langen Internodien und damit einhergehenden geringeren Blattzahl/Trieb sowie der relativ geringen Tendenz zur Geiztriebbildung weisen Dornfelderanlagen, sofern keine Reduzierung des Traubenertrags pro Trieb stattgefunden hat, in der Regel unbefriedigende, zumindest aber unterdurchschnittliche BFV-Werte auf (vgl. Kap 3.3.1.3). Eine Verminderung der Photosynthesefläche in der Reifephase hätte mit hoher Wahrscheinlichkeit einen mostgewichtssenkenden Effekt.
- Sorten wie zum Beispiel Traminer, Frühburgunder, ertragsschwache Spätburgunderklone zeigen hingegen vergleichsweise niedrige Traubenerträge pro Trieb, kurze Internodien und dadurch viele Blätter sowie eine stärkere Tendenz zur Geiztriebbildung. Mit hoher Wahrscheinlichkeit liegt das BFV dort im Optimalbereich oder darüber. Auch nach Entfernung von Photosynthesefläche kann es für eine maximale Mostgewichtsleistung immer noch ausreichend sein.

Eine völlig andere Situation als bei einer späten Entblätterung in der Reifephase ergibt sich bei einer frühen Teilentblätterung im oder kurz nach dem Blütezeitraum:

a) Mit der Entfernung von Blättern wird auch der Ertrag vermindert. Die Verschlechterung des BFV fällt somit geringer aus als bei der späten Teilentblätterung, die den Ertrag nicht mehr verringert. Ist die erzielte Ertragssenkung deutlich, kann sie sogar ganz ausbleiben.

b) Noch wichtiger dürfte jedoch ein anderer Effekt sein: Bei frühen Entblätterungsmaßnahmen ist der Stock –im Gegensatz zu spät vorgenommenen Entblätterungsmaßnahmen – mit einer ge-

wissen zeitlichen Verzögerung zu einem Bündel von Kompensationsreaktionen in der Lage:
Bei einem Verlust von Blättern steigt die Photosyntheseleistung der verbleibenden Blätter. Der Verlust an Photosyntheseleistung fällt demnach geringer aus als der Verlust an Blattfläche.
Die an die Entblätterungszone angrenzenden Blätter, vor allem auch stockinnere Blätter in der Traubenzone, die bei einer mechanischen Entblätterung nicht erfasst wurden, reagieren auf die veränderte Belichtungssituation und richten sich zum Licht neu aus. Dadurch steigt deren Leistungsfähigkeit.
Am wichtigsten jedoch ist die Tatsache, dass es nach einer frühen Teilentblätterung in der Entblätterungszone zu einer moderaten Wiederbelaubung durch sich bildende Geiztriebblätter kommt, die dann auch in der Reifephase wieder für eine moderate Schattierung der Trauben sorgt. Bei späten Entblätterungsmaßnahmen hat der Stock die Fähigkeit zur Blattneubildung weitestgehend verloren. Freigestellte Trauben bleiben dann bis zur Lese frei. Die Fähigkeit zur Blattneubildung ist jedoch auch wuchskraftabhängig. Sehr schwachwüchsige Anlagen (bei denen eine frühe Entblätterung besser unterbleiben sollte!) zeigen diese Fähigkeit wesentlich weniger als normalwüchsige oder gar starkwüchsige Anlagen.
In der Summe führen diese Effekte dazu, dass sich nach einer frühzeitigen Teilentblätterung die Photosyntheseleistung wieder erholt und in Relation zum Traubenertrag in der Reifephase wieder weitestgehend der Leistung nicht entblätterter Anlagen entspricht. Allein dies lässt erwarten, dass der mostgewichtssenkende Effekt einer frühen Teilentblätterung deutlich geringer ausfällt als bei einer Entblätterung nach Reifebeginn.

Eine Entblätterungsmaßnahme hat darüber hinaus jedoch auch eine Reihe von Effekten zur Folge, die tendenziell mostgewichtssteigernde Wirkung aufweisen:

- Gut besonnte Trauben erwärmen sich stärker und unterliegen dadurch im Falle trocken warmer Witterung stärkeren Konzentrierungseffekten durch kutikuläre Transpiration von Wasser.
- Gute Belichtung regt die Aktivität des Enzyms Invertase in den Beeren an. Die über das Phloem angelieferte Saccharose wird schneller in Glukose und Fruktose invertiert, was wiederum die Saccharosenachlieferung begünstigt.
- Höhere Beerentemperaturen begünstigen den physiologischen Säureabbau. Dabei kommt es im Wege von Gluconeogenese auch zur Bildung von Zucker aus den abgebauten Säuren.
- Wird der infolge einer Teilentblätterung zu erwartende bessere Gesundheitszustand der Trauben dazu genutzt, die Trauben später zu lesen, ist allein durch diesen Effekt ebenfalls ein Mostgewichtsanstieg zu erwarten.

Zusammenfassend bleibt festzustellen, dass Entblätterungsmaßnahmen demnach sowohl potenziell mostgewichtssenkende wie auch mostgewichtssteigernde Effekte mit sich bringen. Es hängt von den Rahmenbedingungen ab, welche Effekte letztendlich dominieren. Bei späten Entblätterungsmaßnahmen ist es, vor allem bei hohem Ertragsniveau, wahrscheinlich, dass die mostgewichtssenkenden Effekte überwiegen. Bei frühen Entblätterungsmaßnahmen ist die Wahrscheinlichkeit größer, dass es umgekehrt ist. Auf jeden Fall gibt es nachvollziehbare Gründe, warum die Wirkung von Entblätterungsmaßnahmen auf das Mostgewicht unterschiedlich sein kann.

Säuren: Der Zusammenhang zwischen der Besonnungsintensität der Trauben in der Reifephase und deren Säure ist schon lange bekannt. Intensive Besonnung der Trauben reduziert die Säurewerte (Abb. 60).

Dabei ist es jedoch weniger die Strahlung selbst, als vielmehr die damit in unmittelbarem Zusammenhang stehende Beerentemperatur, die diesen Effekt auslöst. Ab etwa 20 °C im Fruchtfleisch der Beere wird Äpfelsäure und ab ca. 30 °C auch Weinsäure abgebaut. Direkte Beson-

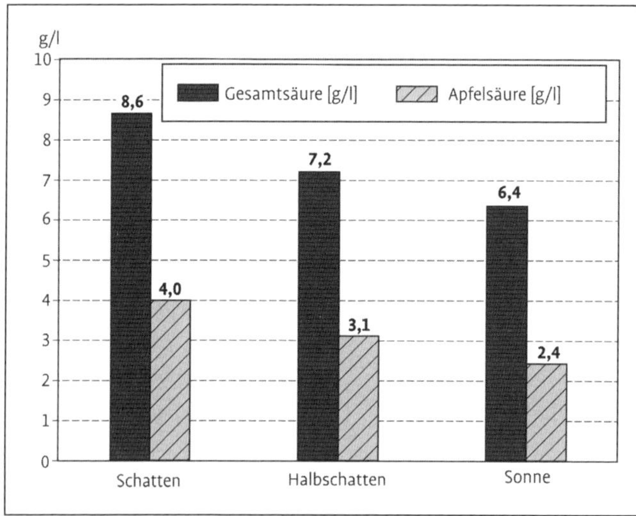

Abb. 60. Säurewerte bei voll besonnten, moderat besonnten und schattierten Trauben bei Spätburgunder (PRICE, G.; 1995).

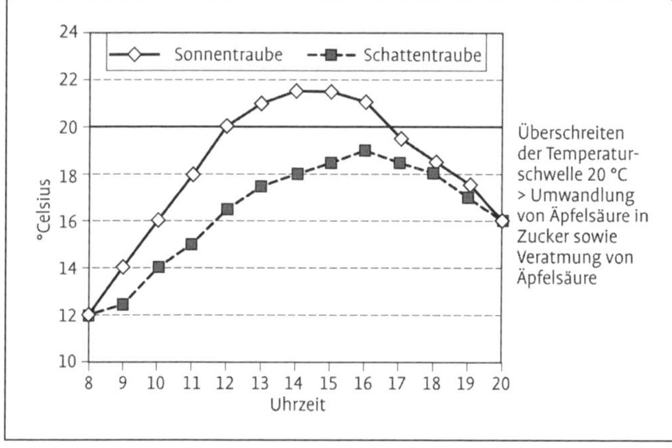

Abb. 61. Temperaturen in der Beerenhaut von Sonnen- und Schattentrauben an einem durchschnittlichen Septembertag (nach SCHULTZ, R.; 1998).

nung in Verbindung mit dünneren, leichter erwärmbaren Beeren sorgt sowohl für höhere Temperaturen als auch für häufigere und länger andauernde Überschreitung der erwähnten Temperaturschwellen (Abb. 61).

Hefeverwertbarer Stickstoff: Der Gehalt der Trauben an hefeverwertbarem Stickstoff (zumeist bezeichnet als FAN = free assimable nitrogen oder auch YANC = yeast assimable nitrogen compounds) findet seit einigen Jahren als Qualitätsfaktor zunehmende Beachtung. Gärstörungen, die Aromatik und UTA-Risiken sind in vielfacher Weise damit verknüpft und unerwünscht niedrige Gehalte sind vergleichsweise häufig anzutreffen.

Dabei ergibt sich durch Teilentblätterungsmaßnahmen eine Reihe von Einflussmöglichkeiten. Ähnlich wie beim Mostgewicht sind sowohl potenziell senkende wie auch steigernde Effekte zu verzeichnen.

- Im Wege der Blattabreife (Herbstverfärbung) wird ein Teil der im Blatt noch vorhandenen Stickstoffverbindungen in Holz und Trauben rückverlagert. Diese Rückverlagerung ist in hohem Maß für den Anstieg der Stickstoffgehalte der Trauben in der fortgeschrittenen Reifephase verantwortlich. Blätter, die bereits entfernt wurden, können natur-

Der Gesamtgehalt an FAN setzt sich zusammen aus dem Gehalt an NH_4^+ (hefeverwertbarer Stickstoff in anorganischer Bindungsform) sowie bestimmten organischen N-haltigen Verbindungen. Je reifer das Lesegut ist, desto höher ist in der Regel der Anteil des organisch gebundenen verwertbaren Stickstoffs. Bei Letzterem handelt es sich vorrangig um N-Atome in bestimmten freien Aminosäuren, wobei dem Arginin mengenmäßig die wichtigste Rolle zukommt. Einige dieser Aminosäuren (z. B. Arginin, Glutamin) sind von der Hefe sehr gut, einige weitere nur erschwert (z. B. Methionin, Glycin) verwertbar, während Prolin gar nicht verwertbar ist. Sobald Aminosäuren nicht mehr als Einzelmoleküle sondern als Bestandteile kurzer (Peptide) oder langer Aminosäureketten (Protein = Eiweiß) oder eiweißhaltiger Verbindungen (Proteide) vorliegen, sind auch die an sich verwertbaren Aminosäuren für die Hefe nur noch sehr eingeschränkt nutzbar.
Für die Beurteilung der Versorgungssituation der Moste mit hefeverwertbarem Stickstoff wurden in der Vergangenheit eine ganze Reihe verschiedener Analyseverfahren genutzt, so dass Praktiker -in Abhängigkeit von der Untersuchungsmethodik- mit einer verwirrenden Vielzahl von Messwerten konfrontiert wurden (Gesamt-N, FAN, Formolzahl, ferm-N-Wert, ferm-N-Test, FN1 und FN2-Wert, YANC). In den letzten Jahren hat die FTIR-Analytik (grapescan, winescan) in der Most- und Weinanalytik einen hohen Stellenwert erlangt, da sie sehr schnell die Bestimmung einer großen Zahl qualitätsrelevanter Parameter ermöglicht. Bei diesem Verfahren wird auch ein so genannter NOPA-Wert ermittelt, der eine Aussage über den Gehalt an verwertbarem organisch gebundenem Stickstoff macht. Wird ergänzend dazu auch der relativ einfach zu ermittelnde NH_4^+-Gehalt separat erfasst, kann mit der Summe beider Messwerte eine sehr gute Abschätzung der Versorgungssituation der Hefe mit Stickstoff vorgenommen werden.
Mit dem zugelassenen Mostbehandlungsmittel Diammoniumphosphat (DAP) lässt sich zwar rechnerisch auch ein starker Stickstoffmangel eines Mostes beheben, allerdings ist Diammoniumphosphat kein qualitativ gleichwertiger Ersatz für den organischen Stickstoffcocktail, den die Traube mitbringt. Insofern verdienen die Auswirkungen von Teilentblätterungsmaßnahmen auf den FAN-Gehalt der Most zu Recht hohe Beachtung.

Tab. 13. Mehrjähriger Einfluss früher Entblätterungsmaßnahmen (beidseitig maschinell) auf den NOPA-Gehalt

	2009		2010		2011		2012		Mittel	
	keine TE	TE	keine TE	TE	keine TE	TE	keine TE	TE	keine TE	TE
Spätburg.	218	217	238	249	238	229	248	245	236	235
Riesling	115	109	131	129	122	113	137	124	126	119
Dornf.	88	73	123	126	108	113				
Portug.	109	104								
Weißburg.	175	157	195	192	131	144	173	152	169	161
Mittel	141	132	172	174	150	150	186	174	177	172

gemäß auch keine Stickstoffverbindungen rückverlagern. Eine frühe Teilentblätterung, in deren Folge es zu einer moderaten Blattneubildung kommt, ist diesbezüglich etwas weniger bedenklich als späte Teilentblätterungsmaßnahmen (aber noch vor der Rückverlagerung), in deren Folge keine Blätter mehr neu gebildet werden.

- Starke Besonnung der Trauben führt zu einer verstärkten Polymerisation freier Aminosäuren zu Ketten, was, wie oben erwähnt, mit einem Verlust an FAN gleichzusetzen ist.

Diese beiden FAN-senkenden Effekte sind beunruhigend. Dabei ist eine frühe TE mit moderater Wiederbelaubung etwas weniger kritisch zu werten ist, als eine TE nach Reifebeginn mit anschließendem „Traubengrillen" in der Sonne. In verschiedenen Entblätterungsversuchen erwies sich insbesondere wegen dieser Effekte die Entblätterung als nachteilig für den FAN-Gehalt.

Aber es sind auch gegenteilige Wirkungen möglich:

- Ein großer Feind für den Gehalt an hefeverwertbarem Stickstoff ist Botrytisbefall. Der Pilz ist in der Lage, in der Traube vorhandenen FAN für eigene Zwecke zu nutzen und zu verstoffwechseln. Im Normalfall kommt es bei gesunden Trauben aufgrund der Rückverlagerungsprozesse gerade gegen Ende der Reifephase oft noch zu einem deutlichen Anstieg der Stickstoffgehalte. Ein bei gesundem Lesegut möglicher später Lesetermin ist daher eine der wirksamsten Maßnahmen zur Verbesserung der FAN-Gehalte. Fortschreitende Botrytis kann hingegen die Gehalte sogar absinken lassen. Botrytisbefall ist darüber hinaus ein wichtiges Kriterium für die Datierung des Lesetermins. Zunehmende Botrytis führt in der Praxis meistens (i. d. R. zu Recht) zu einem Vorziehen des Lesetermins. Die Kombination beider Effekte (Verstoffwechselung von N + frühere Lese) macht verständlich, warum Anlagen mit hohem Botrytisdruck ein hohes Risiko aufweisen, unzureichend mit FAN versorgte Moste zu produzieren. Gelingt es in einer Anlage mit hohem Botrytisdruck, durch Teilentblätterungsmaßnahmen das Lesegut länger gesund zu halten um diesen Effekt dann zusätzlich dazu zu nutzen, später zu lesen, dann kann eine Teilentblätterung ungeachtet der oben erwähnten mindernden Effekte in der Summe aller Wirkungen sogar eine Steigerung der FAN-Gehalte bewirken.

Tendenziell darf man davon ausgehen, dass in trockenen Jahren mit geringem Botrytisdruck und hohem Stressrisiko Teilentblätterungsmaßnahmen mit hoher Wahrscheinlichkeit eher FAN-senkend wirken. Unter starkwüchsigen Bedingungen kombiniert mit hohem Botrytisdruck ist, insbesondere bei früher TE und moderater Wiederbelaubung, eher ein gegenteiliger Effekt zu erwarten ist, falls die botrytismindernde Wirkung zusätzlich für eine spätere Lese genutzt wird.

Eine in manchen Versuchen beobachtete z. T. besorgniserregende Reduzierung der Stickstoffgehalte als Folge einer Teilentblätterung (z. B. SCHREIECK, P. et al.; 2009) konnte in mehrjährigen Untersuchungen am DLR Rheinhessen-Nahe-Hunsrück nicht bestätigt werden. Vielmehr zeigte sich, dass im Schnitt der Jahre sich steigernde und senkende Effekte offensichtlich die Waage halten (Tab. 13).

UTA – Risikofaktoren und Schutzfaktoren

Entblätterungsmaßnahmen haben nicht nur komplexe Wirkungen auf den FAN-Gehalt, sondern – z. T. basierend auf ähnlichen Wirkungsmechanismen – auch komplexe Wirkungen auf UTA-Risiken. Niedrige FAN- Gehalte gehen oft mit erhöhtem UTA-Risiko einher. Dies ist kein Zufall.

Um die potenziellen Auswirkungen von TE-Maßnahmen auf UTA verständlich zu machen, bedarf es einiger physiologischer und weinchemischer Erläuterungen:

- Die für die Wahrnehmung einer UTA-Note wichtigste Substanz ist 2-Aminoacetophenon (2-AAP). Dabei existiert für den Gehalt dieser Substanz kein fixer Geschmacksschwellenwert. Sowohl ein hoher Gehalt an sensorisch positiven Inhaltsstoffen (z. B. sortentypische Aromastoffe) wie auch negativer Komponenten (z. B. flüchtige Säure) haben maskierende Wirkungen. Tendenziell sind „schlanke, reintönige“ Weine daher stärker gefährdet als Weine mit üppiger Aromatik oder anderen sensorisch sehr dominanten Inhaltsstoffen (z. B. Gerbstoffe).
- 2- Aminoacetophenon (2-AAP) wird im Wege der Weinbereitung aus 3-Indol-Essigsäure (3-IES) gebildet. Ein hoher Gehalt der Moste an 3-IES gilt daher als Risikofaktor für die Entstehung einer UTA. Die Bildung von 2-AAP aus 3-IES kann auf 2 Wegen erfolgen:
  Eine mikrobiologische Bildung kann bereits während der Gärung durch unter Nährstoffstress stehende Hefen erfolgen („mikrobiologischer Bildungsweg“). Hier ist ein wesentlicher Grund zu suchen, warum ein geringer FAN-Gehalt mit einem erhöhten UTA-Risiko einhergeht.
  Der quantitativ wichtigere Bildungsweg ist jedoch die Bildung von 2-AAP aus 3-IES durch nach der ersten Schwefelung des Jungweines auftretende freie Sauerstoffradikale („chemischer Bildungsweg“).
- Inhaltsstoffe mit einem hohen antioxidativen Potenzial (Reduktionsmittel) können als Radikalfänger wirken und dadurch die Umwandlung des 2-IES in 3-AAP auf dem chemischen Bildungsweg verhindern bzw. vermindern. Eine derartige Wirkung haben zum Beispiel

das zugelassene Weinbehandlungsmittel Ascorbinsäure, insbesondere aber auch Phenole, allen voran die Gruppe der Proanthocyanidine. Aus dem letztgenannten Zusammenhang ergibt sich der weitgehende Schutz gerbstoffbetonter Rotweine vor UTA. Wird aus dem gleichen Lesegut ein sehr viel gerbstoffärmerer Blanc de Noir oder ein Roseé hergestellt, ist UTA durchaus möglich. Auch eine Reihe weiterer Inhaltsstoffe (z. B. Glutathion) tragen zum antioxidativen Potenzial eines Weines bei. Generell lässt sich feststellen, dass Weine aus Trauben mit hoher physiologischer Reife und moderaten Erträgen ein höheres antioxidatives Potenzial aufweisen. Dies ist der wesentliche Grund, warum eine zu frühe Lese vor der physiologischen Vollreife sowie Rahmenbedingungen, die eine physiologische Ausreife behindern (z. B. sehr hohe Erträge, unzureichende oder stark geschädigte Blattfläche) als wichtige UTA-Risikofaktoren zu bewerten sind.
- Ein hoher Gehalt der Trauben an 3-IES gilt als Stressindikator. Unter starkem Stickstoff- und/oder Wasserstress stehende, schwachwüchsige und/oder überlastete Reben weisen somit ein erhöhtes Risiko auf, Moste mit niedrigen FAN- und hohen 3-IES-Gehalten zu produzieren. Auch intensive UV-Strahlung löst Stressreaktionen aus und kann damit die 3-IES-Gehalte der Trauben anheben.

Zusammenfassend lässt sich feststellen: Lesegut (Most) mit UTA-Potenzial ist gekennzeichnet durch:
- hohe Gehalte an 3-IES
- ein geringes antioxidatives Potenzial
- einen geringen Gehalt an hefeverwertbaren N (FAN)
- einen geringen Gehalt an „maskierenden“ Inhaltsstoffen (sowohl positive als auch negative)

Aus diesen Ausführungen lässt sich eine Reihe von Zusammenhängen zwischen der Teilentblätterung und UTA-Risiken ableiten.

Potenziell UTA-verschärfende Wirkungen einer TE-Maßnahme:
- Übermäßige UV-Einstrahlung insbesondere in Folge einer starken TE nach Reifebeginn ist physiologischer Stress für die Trauben und kann die Bildung der UTA-Vorstufe 3-IES erhöhen.
- Eine unzureichende Blattfläche in Verbindung mit hohen Erträgen bei zu starker und später TE (unzureichendes BFV) kann die physiologische Ausreife beeinträchtigen (geringeres antioxidatives Potential)
- Eine Minderung der FAN-Gehalte ist möglich (vgl. Kap. 3.4.2.3.3).

Potenziell UTA-mindernde Wirkungen einer TE-Maßnahme:
- Bei hohem Botrytisdruck kann eine TE-Maßnahme entscheidend dazu beitragen, die Trauben in gesünderem und physiologisch reiferem Zustand später lesen zu können. Dies hat eine UTA-mindernde Wirkung aufgrund des zu erwartenden höheren FAN-Gehalts und des höheren antioxidativen Potenzials. Bereits in der Traube vorhandene 3-IES kann sogar noch in der Traube teilweise abgebaut werden.
- Wenn Trauben stark schattiert unter schlechten Belichtungsverhältnissen heranwachsen, ist die physiologische Ausreife und die Ausbildung eines hohen antioxidativen Potenzials gehemmt. Hier kann eine stärkere Belichtung der Trauben als Folge einer TE positiv wirken.

Schon diese kurze (noch unvollständige!) Auflistung von Wirkungsmechanismen einer TE auf UTA macht deutlich, dass eine TE-Maßnahme, abhängig von den Rahmenbedingungen, UTA-Risiken sowohl verschärfen, wie auch mindern kann.

Tendenziell gilt es, in schwachwüchsigen stressgefährdeten Beständen eher Zurückhaltung mit TE-Maßnahmen zu üben – dies aber nicht nur vor dem Hintergrund eines höheren UTA-Risikos! Für starkwüchsige botrytisgefährdete Bestände gilt das Gegenteil.

Weitere Inhaltsstoffe: Die Entblätterung hat neben den bisher genannten Wirkungen vielfältige Effekte auf weitere aromarelevante und andere sensorisch bedeutsame Inhaltsstoffe, wobei sich eine ganze Reihe von Wirkungsmechanismen ergibt:

- Die Trauben sind dem Licht länger und intensiver ausgesetzt.
- Licht ist gekennzeichnet durch seine Intensität (Helligkeit) und Färbung (spektrale Zusammensetzung der Lichtfarben). Beides verändert sich, wenn Trauben aus dem Schatten ins direkte Sonnenlicht geraten. Beides hat Wirkungen auf einige hormonelle und enzymatische Prozesse.
- Dünnere Beeren in lockereren Trauben als Resultat einer frühen TE weisen eine stärkere „Rundumbesonnung" auf. Der Anteil besonnter Beerenoberfläche ist deutlich größer als bei einer kompakten Traube, die der gleichen Besonnungssituation ausgesetzt ist.
- Die bei einer frühen TE zu erwartende Verringerung der mittleren Beerendicke sorgt für einen höheren Schalenanteil in der Maische. Dies erhöht die Konzentration der vorrangig in und unter den Beerenhäuten befindlichen Substanzen im Most bzw. späteren Wein.

Anthocyane, Phenole: Diese Wirkungsmechanismen in ihrer Kombination führen i. d. R. zu einer Zunahme des Gehalts an

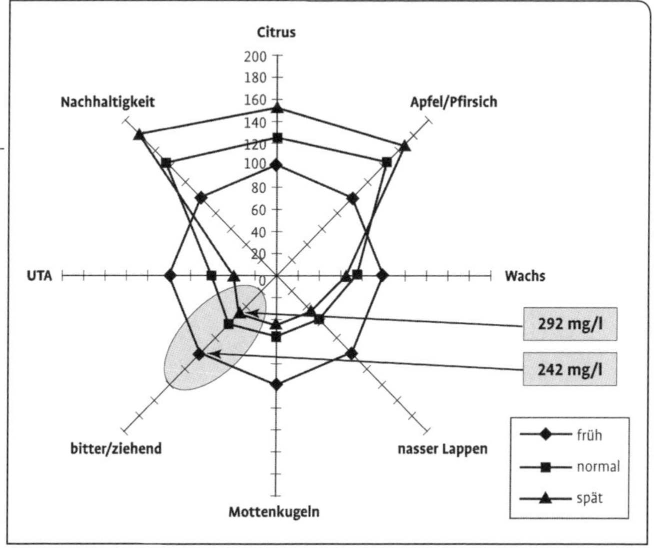

Abb. 62. Analytischer Gehalt an Phenolen und sensorische Wahrnehmung in Abhängigkeit vom Lesetermin in einem Terminleseversuch bei Riesling im Mittel der Jahre 1997 bis 1999 (nach FOX, R.; 2004).

Anthocyanen (rote Farbstoffe) und der chemisch damit eng verwandten Phenole. Während dieser Effekt im Hinblick auf Rotwein schon lange bekannt ist und qualitätssteigernd genutzt wird, löst er im Hinblick auf Weißwein Besorgnis aus. Dabei gilt es jedoch zu bedenken, dass die Phenolgehalte in den Beeren und die späteren Sinneseindrücke hinsichtlich Adstringenz nicht in linearem Zusammenhang stehen. Die qualitative Beschaffenheit der Phenole (z. B. Polymerisationsgrad) entscheidet neben deren absolutem Gehalt maßgeblich über die spätere sensorische Wahrnehmung. Ein höherer Gehalt an „reifen" Phenolen kann einen Wein in der sensorischen Wahrnehmung weniger phenolisch schmecken lassen wie ein geringerer Gehalt eher „unreifer" Phenole (Abb. 62).

Es kann nicht bestritten werden, dass in Versuchen im Einzelfall eine wahrnehmbare Intensivierung von Adstringenz bei Weißwein als Folge eine TE-Maßnahme beobachtet wurde. Mehrjährige Untersuchungen und empirische Erfahrungen am DLR Rheinhessen-Nahe-Hunsrück deuten jedoch darauf hin, dass die diesbezüglichen Risiken nicht dramatisiert werden sollten. Insbesondere in Relation zum potenziellen Nutzen der TE-Maßnahme erscheinen die Risiken vertretbar bzw. beherrschbar (s. u.).

Aromastoffe: Viele Aromastoffe sind in oder unmittelbar unter der Beerenhaut lokalisiert. Das wird schon allein aus der Zunahme der Aromaintensität in Folge einer Maischestandzeit (Auslaugung der Schalen) ersichtlich. Eine Verschiebung

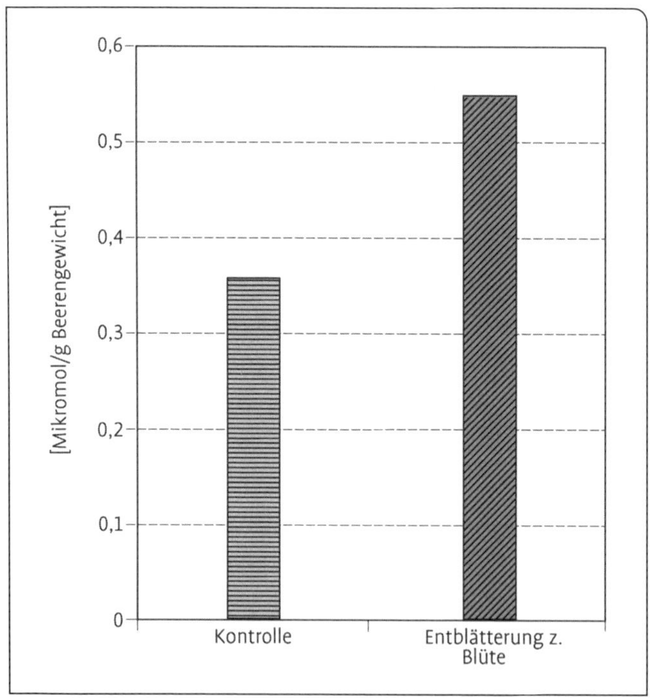

Abb. 63. Einfluss einer frühen Entblätterung auf das Aromapotenzial (Gehalt an G-G) bei Silvaner (nach STARK, T.; 2004).

der Volumen-/Oberflächen-Relation der Beeren allein führt schon zu einer Zunahme zahlreicher aromatischer Substanzen, deren qualitative Beschaffenheit zudem aber durch die veränderte Belichtung ebenfalls beeinflusst wird. Ähnlich wie beim Problemfeld UTA sind die Wirkungen sehr komplex. Im Allgemeinen kann man von einer Zunahme der Aromaintensität ausgehen, die sich im Aromapotenzial (Gehalt an Glycosyl-Glukose) widerspiegelt (Abb. 63).

Die ambivalente Wirkung von TE-Maßnahmen auf die Aromatik lässt sich am Beispiel der Carotinoide verdeutlichen. Ihre Rolle als „Sonnenschutzfaktor" macht einen Anstieg des Gehalts an Carotinoiden nach einer TE leicht nachvollziehbar. Carotinoide werden z. T. bereits während der Reifephase, darüber hinaus aber auch noch nachfolgend im Wege des Weinausbaus und der Lagerung durch Enzyme und auch durch Säuren in Norisoprenoide umgewandelt. Zu dieser Stoffgruppe gehören sowohl Substanzen, die sensorisch als positiv empfunden werden, wie z. B. ß-Damaszenon (tropische Früchte) oder ß-Ionon (Beerenfrüchte) wie auch tendenziell negativ empfundene Aromen wie z. B. Vitispirane (Kampfer, Eukalyptus) oder auch das berüchtigte TDN = 1,1,6-Trimethyl-1,2-dihydronaphtalin, das für den Petrolton verantwortlich ist.

- Tendenziell führt eine stärkere Besonnung der Trauben zu einer Abnahme vegetativer Aromen (z. B. Paprika, grüne Bohnen) und grüner Fruchtaromen (z. B. grüner Apfel, Stachelbeere).
- Zunehmend ist hingegen der Gehalt an Aromen, die an reife heimische Früchte (z. B. reifer Apfel, Pfirsich), an gelbe Früchte (z. B. Birne, Quitte), bei sehr hoher Reife (späte Lese) auch an tropische Früchte (z. B. Banane, reife Honigmelone, Mango) bis hin zu Aromen aus der Gruppe der überreifen Früchte (z. B.

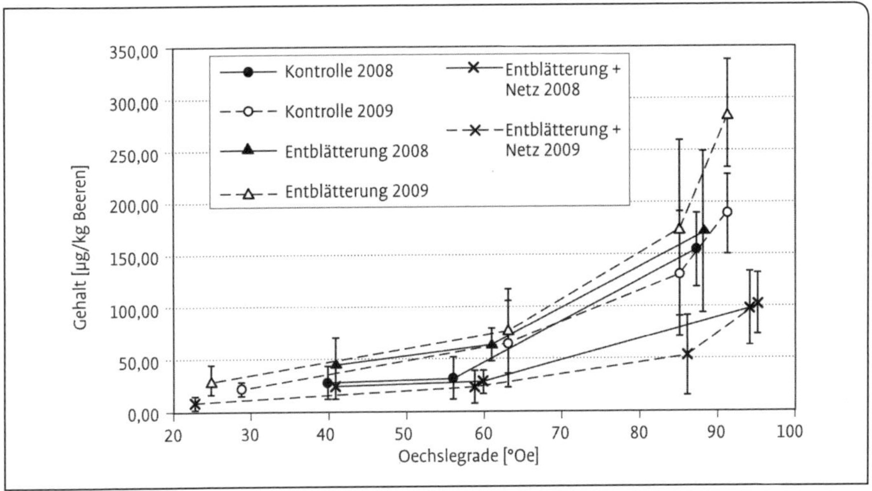

Abb. 64. Gesamt-Norisoprenoidgehalt in Beeren verschiedener Laubwandvarianten in den Jahren 2008 und 2009 in einer nicht entblätterten Kontrollvariante, nach Entblätterung sowie nach Entblätterung und anschließender Schattierung der Traubenzone mit einem Netz (SACK, C. et al.; 2010).

Dörrobst, Rosinen) oder karamellartigen Noten (z. B. Honig) erinnern.

Abb. 64 zeigt den Einfluss der Besonnung auf den Norisoprenoidgehalt von Trauben. Eine Entblätterung mit guter anschließender Besonnung der Trauben lässt die Werte im Vergleich zur nicht entblätterten Kontrollvariante ansteigen. Werden die Trauben hingegen nach der Entblätterung mit einem Netzt schattiert, fallen die Gehalte unter die Werte der mäßig besonnten Trauben in der Kontrollvariante.

Aromastoffe messen und Aromastoffe schmecken ist indes nicht das Gleiche. Bei „brachialer" Besonnung weißer Trauben während der Reifephase kann der im chemischen Sinne vorhandene höhere Gehalt reifer Fruchtaromen durch störende Phenole maskiert werden. Unter diesen Bedingungen besteht auch die Gefahr erhöhter TDN-Bildung.

3.4.3 Sonnenbrandrisiken

Seit Mitte der 90er Jahre häufen sich im deutschen Weinbau Probleme mit Sonnenbrand an Trauben (Abb. 65). Die Beobachtungen in betroffenen Anlagen machen den Zusammenhang zwischen der Exposition der Trauben gegenüber direkter Besonnung und der Wahrscheinlichkeit bzw. dem Ausmaß von Schäden offensichtlich.

Die Trauben weisen die größte Gefährdung in dem Zeitraum von ca. 3 Wochen vor bis ca. 2 Wochen nach Reifebeginn auf. Wenn aus anderen Erwägungen heraus Entblätterungsmaßnahmen in diesem Zeitraum geplant sind, sollten Sie bei empfindlichen Sorten nur auf der stärker beschatteten Laubwandseite durchgeführt werden. In der Anfangsphase der Beerenentwicklung in den ersten ca. 3 Wochen nach Blüteende ist die Anfälligkeit offensichtlich phänologisch bedingt geringer. In der fortgeschrittenen Reifephase ist die Abnahme der Anfälligkeit eher durch die jahreszeitlich bedingte Abnahme der Strahlungsintensität zu erklären. Bei für die Jahreszeit ungewöhnlich heißen Bedingungen kann es jedoch sogar noch Ende September zu Schädigungen kommen. Das Risiko ist besonders hoch, wenn in dem Zeitraum besonderer Anfälligkeit eine Phase feuchtkühler, sonnenarmer Witterung abrupt durch trockene Hitze mit intensiver Bestrahlung abgelöst wird.

Dabei ist es von zentraler Bedeutung, ob die Trauben im Wege von Abhärtungs-

Abb. 65. Rieslingtrauben mit Sonnenbrand, links: Schädigung ca. 3 Wochen und Aufnahme ca. 1 Woche vor Reifebeginn, rechts: Schädigung ca. 10 Tage nach Reifebeginn und Aufnahme 2 Tage später.

prozessen auf diese Witterungsbedingungen „vorbereitet" wurden.

- Das geringste Sonnenbrandrisiko weisen Trauben auf, die permanent durch überlagernde Blätter vor direkter Bestrahlung geschützt sind. Die bisherigen Ausführungen machen deutlich, dass die Nutzung dieses Vorteils vielfältige andere Probleme oder Nachteile mit sich bringen kann.
- Das Sonnenbrandrisiko ist am höchsten, wenn unmittelbar vor einem Wetterumschwung von kühlem, feuchtem, sonnenarmem Wetter hin zu sonnigem, trockenem, heißem Wetter bis dahin abgedeckte Trauben freigestellt werden. Eine Abhärtung war dann nicht möglich; eine Situation, die durchaus Parallelen mit einem erstmaligen Sonnenbad mit noch weißer Haut an einem strahlungsreichen Hochsommertag aufweist.
- Werden Trauben bereits in oder kurz nach der Blüte freigestellt, erfolgt eine Anpassung durch „Abhärtungsprozesse" wie z. B. vermehrte Phenol- und Carotinoidbildung – vergleichbar der Melaninbildung in gebräunter Haut. Zahlreiche Versuche zeigen, dass bei einer sehr frühen Entblätterung zumindest kaum größere Schäden zu erwarten sind, als bei Verzicht auf eine Entblätterung. Sie bleiben zumindest wesentlich geringer, als dies bei einer späteren Entblätterung in dem oben genannten kritischen Zeitraum der Fall ist.

Hinsichtlich des Sonnenbrandrisikos besteht auch eine deutliche Sortenabhängigkeit. So erweisen sich zum Beispiel die Sorten Riesling, Müller-Thurgau, Dornfelder und in ganz besonderem Maße die Sorte Bacchus als sehr anfällig. Eine Reihe von alten Sorten, deren Entstehung in Südeuropa oder Vorderasien zu vermuten ist, zeigt tendenziell eine geringere Anfälligkeit. Hier dürften evolutions- und selektionsbedingte Anpassungen an das dort heißere und sonnigere Klima für eine höhere Widerstandskraft gesorgt haben.

Die Beobachtungen der Schäden an unterschiedlichen Trauben im Stock sowie an den unterschiedlichen Seiten der gleichen Traube machen deutlich, dass die Schädigung durch direkte Besonnung der Beeren begünstigt wird. Allerdings finden sich in geringerem Umfang immer wieder auch geschädigte Beeren auf der sonnenabgewandten Rückseite der Trauben. Dies macht deutlich, dass es sich nicht ausschließlich um ein Strahlungsproblem (z. B. zu hohe UV-Intensität auf den Beeren) handeln kann. Von erheblicher Bedeutung scheint ein Kollabieren der Wasserversorgung einzelner Beeren oder Traubenteile zu sein. Schultz, R. (2007) sieht diesbezüglich in einer ungünstigen Konstellation mehrerer Faktoren den Hauptauslöser für das Problem:

- Die Kombination von heißer + trockener + bewegter Luft während eines Sonnenbrandereignisses führt zu einem hohen Wasserdampfsättigungsdefizit an der Beerenoberfläche.
- Ist in den vorausgehenden Wochen die Witterung tendenziell eher kühl, sonnenarm und regnerisch, bleiben Abhärtungsprozesse aus, da es dazu keine Notwendigkeit gibt und die Kutikula ist dadurch nur relativ dünn ausgeprägt.
- Bei sehr hohen Temperaturen verändert sich die Konsistenz der wachsartigen Strukturen der Kutikula, was deren Wasserdampfdurchlässigkeit zusätzlich begünstigt.

Die drei Faktoren zusammen führen während eines Sonnenbrandereignisses zu extrem hohen kutikulären Verdunstungsraten von Wasser über die Beerenoberfläche. Diese ist im Gegensatz zur stomatären Verdunstung der Blätter nicht kontrollierbar. Unter diesen Bedingungen kann –auch bei ausreichender Wasserversorgung im Boden- die Saugspannung in den Tracheen des Xylems im Stielgerüst der Trauben extrem hohe Werte erreichen. Dies kann dazu führen, dass die kapillaren Wasserfäden abreißen und sich Gasblasen bilden (Kavitationseffekt). Die Pflanze ist nicht bzw. nur sehr begrenzt in der Lage, die kapillaren Wasserfäden wieder zu „reparieren" – eine Voraussetzung, um den Wassertransport wieder in Gang zu bringen. Das Ausbleiben der kutikulären Verdunstung begünstigt in der Folge die Überhitzung der Beeren, da der kühlende Effekt der Wasserverdunstung ausbleibt. Das Kollabieren des Wassertransports in Teilen des Stielgerüsts könnte eine Erklärung dafür sein, warum in geringerem Umfang auch Beeren betroffen sind, die nicht direkt besonnt sind, aber möglichweise an kollabierten Versorgungsbahnen hängen.

Unklar ist der Beitrag der UV-Strahlung, ein Zusammenhang mit dem Problem wird jedoch vermutet. Die UV-Strahlung hat über Mitteleuropa durch die Ausdünnung der Ozonschicht in den letzten Jahrzehnten zugenommen, wobei es derzeit Hoffnungen gibt, dass dieser Vorgang zum Stillstand gekommen ist und sich möglicherweise die Ozonschicht sogar wieder regeneriert. Die Zunahme von Hautkrebserkrankungen beim Menschen in den letzten Jahrzehnten wird wesentlich auf die Zunahme der UV-Strahlung zurückgeführt. Möglicherweise ist die offensichtliche Zunahme der Sonnenbrandprobleme bei Reben eine Parallele zu dieser Entwicklung

3.4.4 Beeinflussung der Wuchskraft

Frühe Teilentblätterungsmaßnahmen um oder kurz nach dem Blütezeitraum finden in einer Phase statt, in der auch das vege-

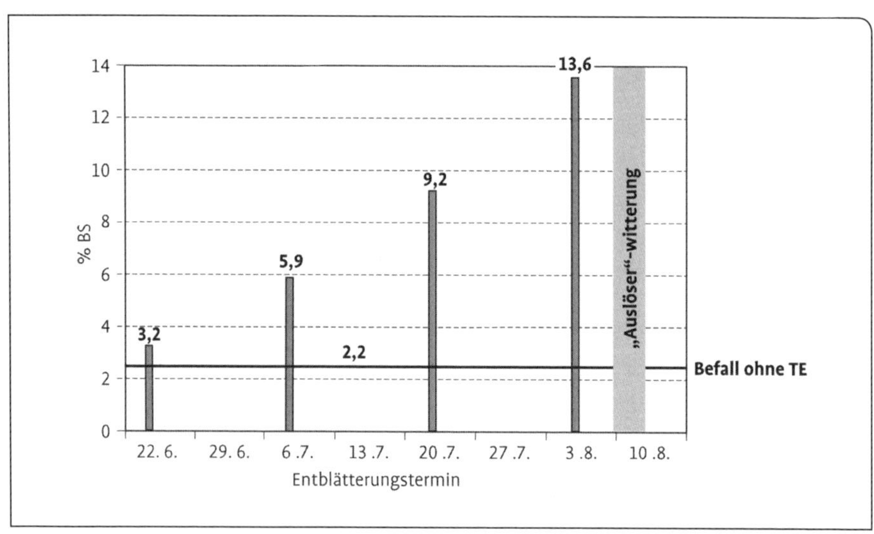

Abb. 66. Sonnenbrandschaden bei Riesling (Sonnenbrandereignis am 10. + 11.8.1998) in Abhängigkeit vom Entblätterungstermin und im Vergleich zur nicht entblätterten Kontrolle (nach FOX, R.; 2000).

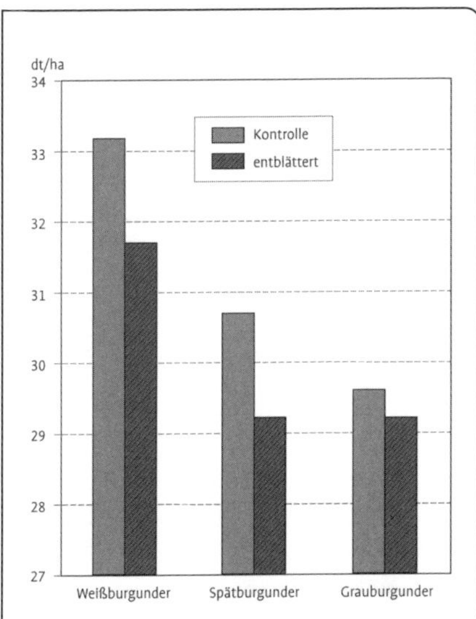

Abb. 67. Einfluss von Entblätterungsmaßnahmen auf die Schnittholzgewichte bei Burgundersorten in 2005 (nach PETGEN, M.; 2006).

tative Wachstum noch stark ausgeprägt ist. Die verminderte Photosyntheseleistung hat folglicherweise nicht nur die in Kap. 3.4.2.1 beschriebenen Wirkungen auf die Trauben sondern auch einen hemmenden Effekt auf das Triebwachstum, hat also tendenziell einen wuchsschwächenden Effekt, der sich bereits im laufenden Jahr auf die Schnittholzgewichte auswirken kann (Abb. 67). Schon BEHRENS (in BABO und MACH, 1910) berichtet über diesen wuchsschwächenden Effekt als Folge einer frühzeitigen Teilentblätterung in Teilen Badens, die er als „Läubeln" bezeichnet.

Späte Entblätterungsmaßnahmen zu einem Zeitpunkt, in dem das vegetative Wachstum zu Gunsten des generativen Wachstums und der Zuckereinlagerung in die Trauben bereits deutlich reduziert oder sogar eingestellt ist, haben diesen Effekt in weniger starkem Ausmaß.

Insbesondere bei mehrjährig sich wiederholenden frühen Teilentblätterungsmaßnahmen kann es dazu kommen, dass die Wuchsleistung einer Anlage allmählich bedenklich nachlässt. Zumindest machen es diese Zusammenhänge erforderlich, die Wuchsleistung einer Anlage bei mehrjähriger Teilentblätterung im Auge zu behalten. Besteht eine Tendenz zur Schwachwüchsigkeit, sollte von einer frühen Entblätterung abgesehen, sie zumindest aber in der Intensität reduziert und/oder zu einem deutlich späteren Termin durchgeführt werden. Schwachwüchsige Anlagen weisen aber ohnehin aus vielerlei Gründen ein deutlich reduziertes Botrytisrisiko und eine recht gute Besonnung und Belüftung der Trauben auf, so dass der wichtigste Rechtfertigungsgrund für eine Teilentblätterung dort ohnehin kaum gegeben ist.

3.4.5 Teilentblätterungsstrategien

Die Komplexität der Zusammenhänge im Hinblick auf die möglichen Auswirkungen von TE-Maßnahmen auf Inhaltsstoffe der Trauben macht klar, dass es „das richtige Teilentblätterungsrezept" nicht geben kann. In Abhängigkeit von den Rahmenbedingungen kann die gleiche Maßnahme in der Summe ihrer Wirkungen sowohl vorteilhaft als auch äußerst problematisch sein.

Die Kenntnis der potenziellen Wirkungen und der Wirkungsmechanismen ermöglicht es jedoch, zielgerichtete Entblätterungsstrategien zu planen. Dabei muss man sich darüber im Klaren sein, dass die Existenz von Zielkonflikten eher die Regel als die Ausnahme ist. Potenzielle Probleme oder Gefahren müssen in Kauf genommen werden, wenn man andere Vorteile nutzen will. Nutzen und Risiken bedürfen daher einer Gewichtung.

Einige Beispiele für strategische Überlegungen:

- Wer der Botrytisvorbeugung oberste Priorität einräumt und Ertragseinbußen in Kauf nimmt oder sogar erwünscht, wird an einer frühzeitigen Entblätterung im Blütezeitraum oder spätestens kurz danach kaum vorbeikommen. Wer hingegen eine Ertragsminderung weitgehend vermeiden will, sollte die Maßnahme frühestens ca. 4 Wochen nach Blüteende durchführen. Eine botrytisvorbeugende Wirkung ist dann auch noch gegeben, speziell bei zur Kompaktheit neigenden Sorten/Klonen ist sie jedoch geringer als beim früheren Termin.
- Bei früher Entblätterung kommt es in normalwüchsigen Anlage zu einer moderaten Wiederbelaubung in der Reifephase, die bei Weißwein für die meisten Situationen wünschenswert wäre. Bei Rotwein wäre ein nochmaliges Freistellen der Trauben und eine hohe Besonnungsintensität und -dauer in der Reifephase von wenigen Ausnahmen abgesehen (z. B. bei ohnehin bereits unzureichender Blattfläche) in der Summe aller Wirkungen fast immer positiv zu bewerten.
- Sehr differenziert ist eine Entblätterung nach Reifebeginn bei Weißwein zu betrachten. Auf einer stark beschatteten Laubwandseite (Nordseite bei Ost-West-Zeilung) führt sie vorrangig zu einer besseren Belüftung der Trauben, schnellerem Abtrocknen als Beitrag zur Gesunderhaltung, ohne allerdings die Besonnungsintensität und -dauer allzu stark anzuheben. Abgesehen von der Situation eines sehr unbefriedigenden Blatt/Frucht-Verhältnisses wäre sie günstig zu bewerten, zumindest aber akzeptabel. Ob hingegen auch eine Entblätterung auf einer stark sonnenexponierten Laubwandseite Sinn macht, hängt sehr stark von den Rahmenbedingungen und Zielvorstellungen ab:
  Ist der Reifebeginn ungewöhnlich früh, ist ein Reifeverlauf unter heißen Witterungsbedingungen wesentlich wahrscheinlicher als bei einem sehr späten Reifebeginn. Auch der Einstrahlungswinkel der Sonne ist dann noch steiler, so dass die Entblätterung die direkte Besonnung der Trauben noch stärker fördert als dies bei einer späten Entblätterung der Fall ist, wo die gegenseitiger Beschattung benachbarter Zeilen stärker zum Tragen kommt. Ein Freistellen von Trauben auf der Sonnenseite kurz nach einem frühen Reifebeginn könnte dann einen ohnehin bereits zu erwartenden massiven Säureabbau nochmals verschärfen, könnte Sonnenbrandrisiken deutlich erhöhen, könnte zu einer unerwünschten starken Phenolbildung führen und zu einer eher sortenuntypischen Aromatik beitragen.
  Ist hingegen der Reifebeginn ungewöhnlich spät, wären derartige Befürchtungen weit weniger angebracht. Die noch zu erwartende Einstrahlungsintensität und -dauer ist geringer. Insofern ist die voraussichtliche Notwendigkeit, die noch zu erwartende direkte Sonneneinstrahlung für die reifenden Trauben auch zu nutzen, weitaus größer. Eine nochmalige oder erstmalige Entblätterung nach Reifebeginn auf der Sonnenseite würde in dieser Konstellation daher wesentlich mehr Sinn machen.
- In Kap. 3.3.1.4 wurde das Thema reifeverzögernde Maßnahmen durch Verminderung der Photosyntheseleistung erörtert. Die einfachste Maßnahme wäre die Reduzierung des Blatt/Frucht-Verhältnisses durch eine Verminderung der Trieblängen. Diese Verminderung ist aufgrund der Gestaltung des Draht-

rahmens jedoch nur in begrenztem Maße möglich, da der oberhalb der Pfahlenden einzuhaltende Sicherheitsabstand die Schnitthöhe limitiert. Außerdem führt in starkwüchsigen und damit auch anhaltend lange wachsenden Anlagen ein Kappen von Triebspitzen zu einem kurzzeitigen Zuckerschub in die Beeren (vgl. Kap. 2.5 und 3.3.1.2) und induziert in starkwüchsigen Anlagen auch noch einmal Geiztriebwachstum. Diese potenziellen Probleme ließen sich vermeiden, wenn die Reduzierung der Blattfläche nicht durch Einkürzen der Triebe sondern durch eine seitliche Entblätterung im oberen Laubwandbereich durchgeführt wird. Erste Versuche (vgl. Tab. 9) zeigen, dass auch diese Maßnahme zu der im Einzelfall erwünschten Reifeverzögerung führt.

3.4.6 Technik

Häufig wird das Entblättern noch manuell durchgeführt und ist damit eine arbeitsintensive Zusatzmaßnahme. Das zunehmende Interesse der Winzer an einer Entlaubung der Traubenzone hat in den letzten Jahren zu einer beachtlichen technischen Entwicklung im Bereich der Gerätesysteme geführt. Die Arbeitsqualität und -intensität der Geräte ist sehr zufriedenstellend. In Abhängigkeit von der Fahrweise, der Fahrgeschwindigkeit und der eingesetzten Technik können pro Trieb durchschnittlich 2 bis 2,5 Blätter entfernt werden. Diese moderate TE ist vollkommen ausreichend um die gewünschten Ziele (vgl. Kap. 3.4.2) zu erreichen. Wegen einer möglichen Beschädigung von Beeren sollten Entlauber nur eingesetzt werden, solange die Beeren noch hart sind. Spätere Einsätze erhöhen das Botrytisrisiko durch Austritt von zuckerhaltigem Saft an verletzten Beeren.

Vom Arbeitsprinzip her lassen sich Entblätterungsgeräte in vier Gruppen (Abb. 68) einteilen:

- Saugen und schneiden
- Saugen und zupfen
- Blasen und zupfen
- Blasend mit pulsierendem Luftstrom

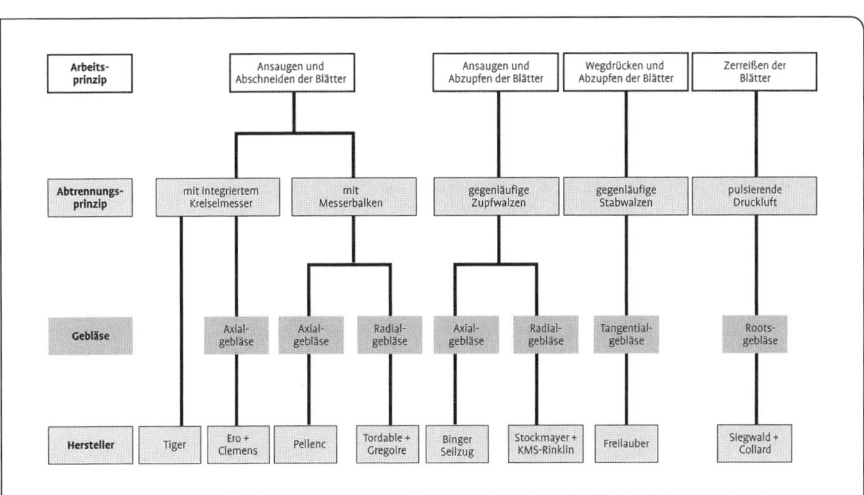

Abb. 68. Systematik und Arbeitsprinzipien von Entblätterungsgeräten.

Die thermische Entlaubung mit Hilfe von Infrarot-Strahlung hat sich im Weinbau nicht durchsetzen können.

3.4.6.1 Druckluft-Entlauber

Bei der Druckluft-Entlaubungstechnik wird ein heckseitig montierter Kompressor mit einer Luftleistung von 680 bis 780 m³/h über die Zapfwelle angetrieben und erzeugt einen Überdruck bis 1 bar. Die Geräte werden in der Praxis mit einem Arbeitsdruck von 0,5 bis 0,65 bar und einer Fahrgeschwindigkeit von 2 bis 3 km/h gefahren. Durch den Luftdruck, die Drehgeschwindigkeit der Düsen und die Fahrgeschwindigkeit kann die Wirkungsintensität geregelt werden. Der komprimierte Luftstrom wird über flexible Druckluftschläuche zu einem oder zwei Entlaubungsköpfen geleitet und über 2 bis 4 rotierende Düsen (nach außen gebogene Luftröhrchen) als Luftstrom mit hoher Strömungsgeschwindigkeit ausgeblasen. Die Düsen rotieren unter einem Abdeckgehäuse mit schmalen halbkreisförmigen Luftaustrittsschlitzen. Von den Herstellern werden verschiedene Luftaustrittsbleche angeboten. Über die Drehung der Schlitze lässt sich eine Arbeitshöhe zwischen etwa 30 bis 60 cm einstellen. Durch die vertikale Rotation der Düsen wird die Luft durch die Schlitze

Abb. 69. Druckluft-Entlauber der Fa. Siegwald.

gegen die Rebblätter geführt. Damit die vom Luftstrahl getroffenen Blätter nicht einfach zur Seite gedrückt werden, wird der Luftstrom in kurzen Intervallen unterbrochen. Dies geschieht an den Schlitzbrücken der Abdeckscheibe. Dadurch entstehen starke, pulsierende Luftschläge, die zum Zerreißen der Blätter führen. Ganze Blätter werden nur bei zu hohem Druck (0,7 bis 0,9 bar) abgerissen, wobei es dann auch leicht zu Platzschäden an den Beeren kommt. Dieser Umstand brachte den Geräten den Namen „Hagelmaschine“ ein.

- Systembedingt eignen sich Druckluft-Entlauber in erster Linie für eine frühe Entblätterung im **Stadium Schrotkorn- bis Erbsengröße.** Dann besteht nicht die Gefahr, dass Beeren verletzt werden und Fäulnis ausgelöst wird. Die Entlaubungsintensität ist moderater als bei anderen Entlaubungssystemen, aber ausreichend, um eine gute Durchlüftung und Abtrocknung der Traubenzone zu erreichen. Der Hauptnutzen von Druckluft-Entlaubern wird daher von den Anwendern nicht in der Entblätterung gesehen. Bedeutender ist das „Putzen der Trauben“ durch den starken Luftstrom. Diese werden nahezu vollständig von Blütenresten oder auch eventuellen Heuwurmgespinsten gesäubert, was sich sehr positiv auf die Reduzierung von Botrytis- und Essigfäulebefall auswirkt.
- Bei einem sehr frühen Einsatz (**abgehende Blüte bis Schrotkorngröße**) werden einzelne Beerchen und Stielteile weggerissen, was zu einer Auflockerung der Traubenstruktur führt.
- Der noch frühere Zeitraum der **Blüte** ist nicht so optimal, da in diesem ES die Blütenreste (Käppchen, Staubbeutel) noch zu sehr anhaften.
- Eine Anwendung **nach Erbsengröße** wird nicht empfohlen, da die Beeren zu empfindlich und die Trauben zu weit geschlossen sind und somit die „Putzwirkung“ nicht mehr voll zum Tragen kommt.

Abb. 70. Mit Druckluft-Entlauber „geputzte“ Trauben und zerrissene Blätter.

Um eine gute Arbeitsqualität zu erzielen, muss auf eine exakte Einstellung des Luftstroms geachtet werden. Die Entlaubungsköpfe können sowohl im Front-, Heck- und Zwischenachsbereich montiert werden und stehen in einseitiger, zweiseitiger und überzeiliger Ausführung zur Verfügung. Wegen der besseren Übersicht wird in der Praxis ein zweiseitiger Frontanbau bevorzugt. Als nachteilig angesehen werden bei Druckluft-Entlaubern

- die starke Lärmentwicklung der Geräte,
- die geringe Fahrgeschwindigkeit,
- der hohe Leistungsbedarf und der relativ hohe Anschaffungspreis von ca. 20 000 bis 25 000 €.

Aufgrund des hohen Anschaffungspreises lassen sich viele Betriebe im Lohnverfahren mit Druckluft-Entlaubern ihre Anlagen entblättern, zu einem Preis von ca. 240 bis 250 €/ha, also wesentlich günstiger als eine Entblätterung von Hand (vgl. Tab. 15). Das System hat vor allem in den südlichen Anbaugebieten Deutschlands (Baden und Württemberg) eine größere Verbreitung gefunden.

3.4.6.2 Saugluft-Entlauber mit rotierenden Messern oder Messerbalken

Das Arbeitsprinzip der Saugluftgeräte ist recht einfach. Ein Saugluftstrom bewirkt, dass die Blätter in den Arbeitsbereich der Geräte gezogen und mittels einer Schneideinrichtung abgetrennt werden. Die abgetrennten Blätter werden in der Gasse verteilt. Die Geräte der verschie-

Abb. 71. Saugluft-Entlauber der Fa. Clemens.

denen Hersteller unterscheiden sich im Wesentlichen durch den Ansaug- und den Abschneidemechanismus. Es gibt technisch einfache und damit kostengünstige Geräte (Clemens, Ero, Tiger) und aufwändige und damit verhältnismäßig teure Konstruktionen (Tordable, Pellenc). Saugluft-Entlauber mit rotierenden Messern können bei einer frühen Entblätterung (Blüte bis Erbsengröße) auch zum Ausdünnen genutzt werden. In Abhängigkeit von der Rebsorte und dem Einsatzzeitpunkt sind Ertragsminderungseffekte von 15 bis 25 % realisierbar.

Der **Entlauber der Firma Clemens** (Abb. 71) besitzt zwei hintereinander angeordnete Axialgebläse. Der Antrieb der Ventilatoren, die den Sog erzeugen, erfolgt durch einen Hydromotor. Die Messer sind auf den Lüfterrädern montiert und erzielen neben der Schneidarbeit noch eine zusätzliche Sogwirkung. Die Befestigung erfolgt durch den Anbau am Hubmast. Mittels einer Rasterscheibe lässt sich der Winkel der beiden Gebläse verändern, sodass ein Schnittbereich von 40 bis 75 cm Breite möglich ist. Die Anpassung an die Laubwand erfolgt mit Hilfe eines waagerechten Parallelogramms. Der Ausweichdruck des Entlaubers kann stufenlos über einen Gasdruckzylinder eingestellt werden. Die Entlaubungsintensität lässt sich zusätzlich durch Veränderungen am Schutzgitter beeinflussen. Sowohl der Abstand der Abweisstäbe zu den Messern als auch der Winkel zur Laubwand sind variierbar. Bei früher Entblätterung eignet sich der Entlauber auch zum Ausdünnen. Für einen Aufpreis ist das Gerät mit einer hydraulischen Schwenkvorrichtung erhältlich. Dadurch ist ein einseitiges Entblättern ohne Leerfahrten möglich. Für Steillagen wird ein leichteres Gerät mit nur einem Axialgebläse angeboten.

Abb. 72. Saugluft-Entlauber mit Gipfelgerät der Fa. ERO.

Beim **Ero-Entlauber** (Abb. 72) werden die Blätter von nur einem Axialgebläse, das von einem Hydromotor angetrieben wird, angesaugt. Sie werden von einem auf den Lüfterrad sitzenden zweiflügeligen Messer abgeschnitten und nach hinten in die Rebzeile abgelegt. Gitterstäbe vor dem Messer dienen als Abweiser für die Trauben. Die Stäbe haben einen lichten Abstand von 7 bzw. 5 cm (9 oder 12 Stäbe im Abdeckgitter). Bei dem Gitterabstand von 7 cm kann auch mit diesem Entlauber bei einer frühen Entblätterung recht gut ausgedünnt werden, da Gescheine, Trauben- oder Traubenteile durch die Stäbe gelangen können und von den Messern abgeschnitten werden. Der Entlaubungskopf hat einen Durchmesser von 60 cm. Die Einstellung der Arbeitshöhe und der Geräteei-

Abb. 73. Entblätterung der Traubenzone und moderate Ausdünnung bei Schrotkorngröße (Abschneiden von Trauben- und Traubenteilen) mit einem Saugluft-Entlauber

gung erfolgt über den Hubmast hydraulisch vom Schleppersitz aus. Weitere Möglichkeiten zur Steuerung der Entblätterungsintensität bieten das verstellbare Schutzgitter und die elektrisch verstellbare Seitenneigung des Entlaubungskopfes. Damit ist auch bei schwierigen Geländeverhältnissen eine gute Anpassung an die Traubenzone gewährleistet. Kleinere Fahrunebenheiten und Lenkfehler werden sehr gut mit Hilfe einer vertikalen Pendel-Parallelogrammführung ausgeglichen. Zusätzlich kann der Abstand zwischen Entlauber und Rebzeile mit einer Führungskufe geregelt werden. Der Entlauber wird auch mit einer hydraulischen Schwenkvorrichtung angeboten.

Abb. 74. Entlauber der Fa. Pellenc an einem Pellenc-Geräteträger.

Der **Pellenc-Entlauber** (Abb. 74) besitzt, je nach Ausführung, eine oder zwei Drehtrommeln mit einem Durchmesser von je 45 cm und einer Höhe von 38 oder 48 cm. An den Mantel der Trommeln werden die Blätter angepresst. Dies geschieht mittels Turbinen auf den hohlen Trommeln, die im Inneren der Trommel einen Unterdruck erzeugen, sodass die Blätter an die Trommel angesaugt werden. Der Unterdruck befindet sich immer halbseitig an der zur Laubwand gerichteten Trommelseite. Die Sogwirkung kann vom Fahrerstand aus elektrisch eingestellt werden. Durch das Drehen der Trommel werden die Blätter leicht angezogen und zu einem Messerbalken geführt und abgeschnitten. Auf der Rückseite der Trommel, wo kein Unterdruck erzeugt wird, fallen die abgeschnittenen Blätter auf den Boden. Der Mantel der Trommel besteht aus einem flexiblen und rostfreien Edelstahlgeflecht (Kettenkorb), das die Trauben nicht beschädigt. Dadurch ist eine schonende Entblätterung in allen Entwicklungsstadien möglich. Die Drehzahl der Trommeln wird proportional zur Fahrgeschwindigkeit geregelt. Innerhalb der Trommeln befinden sich drei Taster, mit denen der Anpressdruck an die Laubwand eingestellt wird und damit die Entlaubungsintensität gesteuert wird. Ein stärkerer Anpressdruck auf die Taster bedeutet eine stärkere Entblätterungsintensität. Der Drehtrommel-Entlauber wird in Kopplung an den Arm der Pellenc-Geräteträger und mit Dreipunktkupplung an einen Schmalspurschlepper angeboten. Derzeit (2013) wird dieses Modell nicht mehr vertrieben. Eine neue Version ist für geplant.

In ähnlicher Weise arbeiten Entlauber der Firmen **Gregoire, BMV** und **Tordable**. Bei diesen Ausführungen werden die Blätter über einen schmalen Kanal angesaugt und von einem senkrechten Messerbalken abgeschnitten und nach hinten ausgeblasen. Die Ansaugung erfolgt über ein Axialgebläse.

Einen Entlauber auf der Basis eines rückentragbaren Motorgerätes mit biegsamer Antriebswelle hat die Firma Tiger entwickelt (Abb. 75). Der Entlaubungskopf wird auf die biegsame Welle aufgesteckt und ist damit einsatzbereit. Das Ansaugen der Blätter erfolgt nicht über ein Gebläse, son-

Abb. 75. Motorgetriebener rückentragbarer Entlauber mit biegsamer Welle der Fa. Tiger.

dern mit Hilfe einer entsprechenden Krümmung an den rotierenden Messerenden wird eine Sogwirkung herbeigeführt. Auch bei diesem Gerät hilft ein Schutzgitter, Verletzungen von Beeren in Grenzen zu halten. Der große Vorteil des Tiger-Entlaubers besteht darin, dass der Benutzer über Schrittgeschwindigkeit, Entfernung zur Laubwand und Schwenkhöhe sehr gut die Arbeitsintensität und den Arbeitsbereich steuern kann. Bei einer frühen Entblätterung besteht zusätzlich die Möglichkeit, einen Teil der Gescheine oder Trauben auszudünnen. Allerdings stellt die Arbeit mit dem Entlauber aufgrund des Motorgeräuschs, des Motorgewichts und der Verschmutzung mit Blattresten für den Anwender eine nicht unbeträchtliche Belastung dar. Deshalb ist das Gerät eher für kleine Flächen und schlecht mechanisierbare Steillagen geeignet. Ein weiterer Vorteil besteht darin, dass das rückentragbare Antriebsaggregat auch mit anderen Anbaugeräten, wie Heckenschere, Laubschere (Abb. 46), Motorsense u. a. ausstattbar ist.

3.4.6.3 Saugluft oder Druckluft-Entlauber mit Walzensystem

Im Gegensatz zu den saugend-schneidenden Systemen werden bei den Walzensystemen die Blätter nicht abgeschnitten, sondern abgezupft. Die Geräte werden über Hydromotoren angetrieben und haben den Vorteil, dass sie sehr traubenschonend arbeiten, da Traubenteile selten zwischen die Walzen geraten und somit Beerenverletzungen gering sind. Dadurch kann der Einsatzzeitpunkt bis an die Reifephase ausgedehnt werden und die höhere Elastizität der Beeren nach dem Weichwerden lässt noch einen Einsatz unmittelbar vor der Ernte zu, um z. B. die Handlese zu be-

Abb. 76. Saugluft-Entlauber mit Walzen und Messerbalken zum Vorentspitzen der Fa. Binger Seilzug.

schleunigen. Für ein Ausdünnen sind die saugend-zupfenden Geräte weniger geeignet, lediglich mit dem Druckluft-Entlauber der Fa. Freilauber lassen sich im größerem Umfang Gescheine bzw. Trauben abzupfen.

Der Entlauber **EB 490** bzw. **EB 350** der **Firma Binger Seilzug** (Abb. 76) arbeitet mit Hilfe zweier vertikal gegenläufig rotierender Walzen. Eine Walze ist glatt gummiert und elastisch gelagert, die andere ist mit zahlreichen umlaufenden Rillen versehen. Ein Axialgebläse hinter den Walzen saugt durch die Rillen die Blätter an. Dabei geraten diese zwischen die Walzen und werden dabei abgezupft und über ein schräg nach unten gerichtetes Edelstahlblech bzw. bei einer neuen Version über eine Klappenöffnung auf den Boden abgeleitet. Der Antrieb des Ventilators und der gerillten Walze erfolgt über zwei in Reihe geschaltete Hydraulikmotoren. Die glatte gummierte Walze ist durch Federdruck an die gerillte Walze angelehnt und wird dadurch ebenfalls angetrieben.

Das Arbeitsfenster ist 49 cm hoch bzw. beim kleineren Typ EB 350 nur 35 cm. Je eine Kufe oben und unten am Gerät sorgt für eine Anpassung an die Laubwand und verhindert, dass Trauben abgequetscht werden. Der Anbau erfolgt i. d. R. an der Front am Hubmast. Auf Wunsch kann der Entlauber mit einer Drehkranzvorrichtung am Rahmen ausgestattet werden, wodurch das Gerät auf die andere Seite geschwenkt werden kann. Damit vermeidet man Leerfahrten, falls nur eine Seite entblättert werden soll. Zur besseren Laubwandabtastung wird eine automatische Querverschiebung angeboten. Über eine Schiene mit Federspannung und zwei gedrehten Wellen, geführt von jeweils zwei Präzisionskugellagern wird der Entlaubungskopf an Hinder-

Abb. 77. Zweiseitiger Saugluft-Entlauber mit Walzen der Fa. ERO an der senkrechten Pendel-Parallelogrammaufhängung (ERO-Entblätterer).

Abb. 78. Saugluft-Entlauber mit Walzen der Fa. AWS Stockmayer.

nissen (z. B. Pfähle) zurückgedrückt und gleitet nach Passieren des Hindernisses wieder nach vorne. Die aufzuwendende Kraft für das Zurückdrücken ist dabei immer gleich. Besonders bei einem zweiseitigen Anbau entlastet diese wirksame Anfahrsicherung den Fahrer. Alternativ kann der Entlauber auch an das Pendel-Parallelogramm von Ero angebaut werden (Ero Entblätterer). Optional kann das Gerät zusätzlich mit einem vertikalen Messerbalken zur Vorentspitzung ausgestattet werden.

Nach dem gleichen Funktionsprinzip arbeiten auch die Entlauber von **AWS Stockmayer** (Abb. 78) und **KMS Rinklin** (Abb. 79). Bei diesen Geräten wird der Sog von einem Radialgebläse erzeugt, wodurch die Blätter an einer speziell gelochten Walze anhaften. Diese Lochwalze läuft gegenläufig zu einer Gummiwalze. Am Berührungspunkt beider Walzen werden die Blätter erfasst, durch einen Schlitz gezogen und dabei abgezupft. Beim AWS Stockmayer Entlauber streift eine rotierende Bürste hinter den Walzen die Blätter ab, die dann an den Zeilenrand fallen. Beim Entlauber von KMS Rinklin werden die Blätter seitlich über eine Klappenöffnung ausgeworfen. Der Schlepper wird nicht von Blättern verschmutzt. Die Anpassung an die Laubwand wird mit einer horizontalen Parallelogrammführung und einer Führungskufe bewerkstelligt. Die Entlauber können mit Hilfe einer Schwenkrichtung auf die andere Seite gedreht werden, was eine einseitige Entblätterung ohne Leerfahrten ermöglicht. Die Entlaubungszone beträgt 50 cm bzw. beim kleineren Typ EL 30 von KMS Rinklin 30 cm.

Optional anbringbar ist eine Ausblasvorrichtung zum Ausblasen von Blütenrückständen aus dem Traubengerüst. Bei Stockmayer wird der vom Radialgebläse erzeugte Luftstrom mit Hilfe eines geschlitzten Rohres in die Traubenzone umgelenkt. Bei KMS Rinklin wird über ein zweites Radialgebläse, welches vom selben Hydromotor angetrieben wird, Luft angesaugt und über einen verengten Luftschacht in die Traubenzone geblasen. Zusätzlich kann bei Stockmayer der Luftstrom als Trägerluftstrom zum Sprühen von Pflanzenschutzmittel in die Traubenzone genutzt werden. Beide Hersteller bieten auch Messer zum Vorentspitzen der Traubenzone an. Bei Stockmayer sind es zwei Kreiselmesser, bei KMS Rinklin ist es ein Messerbalken.

Beim Entlauber der Fa. **Freilauber** (Abb. 80) bläst ein an einem Überzeilenrahmen aufgehängtes Tangentialgebläse durch die Laubwand. Dadurch werden die Blätter auf der gegenüberliegenden Seite nach außen gedrückt und von zwei rotierenden Stabwalzen mit jeweils 8 Stäben abgezupft. Durch die erzeugte Druckluft soll auch ein zusätzlicher Reinigungseffekt der Trauben von Blüterückständen erreicht werden. Die Gebläse- und Walzendrehzahl sind über Mengenteiler unabhängig voneinander regelbar. Neben der Fahrweise entscheidet die Einstellung der Luftmenge und der Walzendrehzahl über die Entlaubungsintensität. Es ist sowohl eine aggressive als auch eine schonende Entblätterung möglich, ebenso wie ein Ausdünnen von Trauben in frühen Entwicklungsstadien. Wichtig ist, dass beim Einsatz die Triebe ordentlich zwischen den Heftdrähten fixiert sind, ansonsten kann es zum Abzupfen einzelner Triebe durch die Stabwalzen kommen. Auch dieses Gerät verfügt über eine Schwenkvorrichtung für eine einseitige Entlaubung ohne Leerfahrten.

Abb. 80. Druckluft-Entlauber mit Stabwalzen der Fa. Freilauber.

Abb. 79. Saugluft-Entlauber mit Walzen und zweitem Gebläse zum Ausblasen von Blüteresten der Fa. KMS Rinklin.

Tab. 14. Technische Merkmale von Entlaubungsgeräten

Hersteller/Typ	Entlaubungsbereich	Arbeitsprinzip	Geschwindigkeit
Tiger Entlauber	variabel schwenkbar	Saugend-schneidend rotierendes Kreiselmesser	2–2,5 km/h
Clemens –Entlauber	40–75 cm	Saugend-schneidend 2 Axial-Sauggebläse mit aufgesetztem Kreiselmesser	4–7 km/h
Ero – Entlauber	60 cm	Saugend-schneidend, 1 Axial-Sauggebläse mit aufgesetztem Kreiselmesser	4–7 km/h
Pellenc Entlauber	38 oder 48 cm	Saugend-schneidend Axial-Sauggebläse mit Drehtrommel und Messerbalken	4–5,5 km/h
Binger Seilzug EB 490, EB 350	49 cm oder 35 cm	Saugend-zupfend 1 Axial-Sauggebläse mit 2 gegenläufigen Zupfwalzen	3,5–6 km/h
Stockmayer Entlauber	50 cm	Saugend-zupfend 1 Radial-Sauggebläse mit 2 gegenläufigen Zupfwalzen	3,5–6 km/h
KMS Rinklin, EL 50, EL 30	50 oder 30 cm	Saugend-zupfend 1 Radial-Sauggebläse mit 2 gegenläufigen Zupfwalzen	3,5–6 km/h
Freilauber	50 cm	Drückend-zupfend 1 Tangential-Druckgebläse mit 2 gegenläufigen Stabwalzen	3,5–5 km/h
Siegwald, Collard	30–60 cm	Pulsierende Druckluft Druckluft-Rootsgebläse	1,5–3 km/h

Anbau	Gewicht einseitig	ca. Preis (einseitig o. MwSt.)	Bemerkungen
rückentragbares Motorgerät, handgeführt	11 kg (incl. Antriebsaggregat)	1100 €	Antriebsaggregat auch für Laubschere und Motorsense nutzbar
Front oder Heck, einseitig oder zweiseitig	68 kg	6000 €	Waagerechtes Parallelogramm, Schwenkvorrichtung optional
Front, einseitig oder zweiseitig	69 kg	6000 €	Senkrechtes Parallelogramm, Schwenkvorrichtung optional
Front oder Heck überzeilig-zweiseitig oder einseitig	350 kg (GT-Anbau)	nicht mehr produziert	Meist als Geräteträgeranbau, z. Zt. Kein Vertrieb, neues Modell ist geplant
Front oder Heck, einseitig, zweiseitig oder überzeilig	80 kg (Entlaub. kopf)	9000 €	Schwenkvorrichtung, Querverschiebung und Messerbalken zur Vorentspitzung optional
Front oder Heck, einseitig oder zweiseitig	ca. 60 kg (Entlaub. kopf)	8000 €	Waagerechtes Parallelogramm, Schwenkvorrichtung Standard, Ausblaseinrichtung, Sprüheinrichtung und 2 Kreiselmesser zur Vorentspitzung optional
Front oder Heck, einseitig, zweiseitig oder überzeilig	35 bzw. 48 kg (Entlaub.kopf)	auf Anfrage	Waagerechtes Parallelogramm, Schwenkvorrichtung Standard, Ausblasvorrichtung und Messerbalken zur Vorentspitzung optional
Front, einseitig oder zweiseitig	ca. 80 kg	8000 €	Schwenkvorrichtung Standard, Gebläse- und Walzendrehzahl unabhängig voneinander regelbar
Front, Heck, einseitig, zweiseitig oder überzeilig	400 kg (Nachläufer)	20 000 bis 25 000 €	Zerreißen der Blätter, Auflockerung der Traubenstruktur bei frühem Einsatz

3.4.6.4 Abschlagen von Blättern mit der Traubenbürste

Eine Entblätterung der Traubenzone in Verbindung mit einer Traubenausdünnung lässt sich auch mit umgebauten Stammputzern/Stockbürsten bewerkstelligen (vgl. Kap. 3.1.2.2). Die Technik wurde am DLR Rheinhessen-Nahe-Hunsrück in Oppenheim vorrangig zum Zweck der Ertragsregulierung konzipiert. Die Entblätterung ist dabei ein willkommener Nebeneffekt. Damit es nicht zu starken Beschädigungen an den Trieben kommt, muss das „Bürstenmaterial“ weicher und elastischer als beim Einsatz dieser Geräte für das maschinelle Ausbrechen sein. Es muss aber auch noch stark und schwer genug sein, damit die in der Rotationsbewegung erzeugte kinetische Energie ausreicht, um Blätter, Blüten, Beeren oder Traubenteile abzuschlagen. Zudem muss es eine akzeptable Verschleißfestigkeit aufweisen. In der Praxis haben sich Weich-PVC-Bindeschläuche (Durchmesser 3 mm), wie sie zum Anbinden von

Abb. 81. Traubenbürste.

Rebstämmen benutzt werden, bewährt. Diese werden auf die rotierende Welle von Stammputzern/Stockbürsten montiert. Damit sich die Bindeschläuche nicht um die Drähte wickeln und abreißen, werden diese mit Hilfe von Drahtabweisern (Bleche vor und hinter dem Bürstenbereich) außerhalb der Bürstenreichweite gehalten.

Um ein Abschlagen von Trieben zu verhindern, wird der Ölkreislauf des Stammputzers umgekehrt, so dass die Kunststoffschnüre von unten nach oben durch die Traubenzone schlagen. Durch das Abschlagen von Beeren, ganzen Traubenteilen und Blättern kommt es zu einer Auflockerung der Laubwand und der Traubenstruktur. Die Varianz im Auflockerungsgrad ist allerdings groß. Es finden sich besonders im äußeren Laubwandbereich stark aufgelockerte Trauben, wogegen nicht getroffene Trauben – vornehmlich im inneren Bereich- an Kompaktheit zunehmen können. Deshalb ist der botrytismindernde Effekt oft weniger intensiv und zuverlässig wie bei der Entblätterung mit Entlaubern, der Vollernterausdünnung oder dem Traubenteilen. Bei kompakten Sorten und/oder breiten Traubenzonen kann sich der Botrytisbefall sogar etwas erhöhen.

Optimaler Einsatzzeitpunkt der Traubenbürste für ein Ausdünnen ist unmittelbar nach der Blüte bis Schrotkorngröße. Getroffene Traubenteile werden in diesem Zeitraum herausgeschlagen. Bei späterem Einsatz ist die Ertragsminderung etwas geringer und es entstehen Traubenschädigungen, ähnlich wie bei der Vollernterausdünnung.

Bei einer beidseitigen Behandlung der Traubenzone kann eine Ertragsreduzierung von 30 bis 50 % erreicht werden, wobei bei großtraubigen Sorten die größten Effekte erzielt werden. Über die Fahrgeschwindigkeit, die Drehzahl der Bürste und die Anzahl der Schnüre lässt sich die Entblätterungs- und Ausdünnintensität steuern. Da der Entblätterungs- und Ausdünnbereich durch den Radius der Bindeschläuche begrenzt ist, ist der Erfolg stark von der Höhe der Traubenzone abhängig. Bei der Flachbogenerziehung werden die Blätter und Trauben recht gut erfasst, bei der Halbbogenerziehung bis zu einem Biegdrahtabstand von 20 cm ist das Ergebnis

Abb. 82. Traubenbürste im Einsatz.

Tab. 15. *Arbeitszeitbedarf beim Entblättern der Traubenzone (ohne Rüst- und Wegezeit, 2 m Gassenbreite, 100 m Zeilenlänge)*

Verfahren	Akh/ha
manuell schwach entblättert	
einseitig	17–22
zweiseitig	35–40
manuell stark entblättert	
einseitig	30–40
zweiseitig	60–70
maschinell entblättert mit einseitigem Saugluft-Entlauber	
einseitig	1,5–2
zweiseitig	3–4
maschinell entblättert mit rückentragbarem Motorgerät	
einseitig	10–12
zweiseitig	20–23

Tab. 16. *Arbeitszeit- und Kostenvergleich verschiedener Entblätterungssysteme*

	Manuelles Entblättern				Maschinelles Entblättern mit einseitigem Entlauber			
	einseitig		zweiseitig		einseitig		zweiseitig	
Arbeitszeiten h/ha	30		60		2		4	
Arbeitskosten Aushilfskraft 8 €/h Fachkraft 15 €/h	Aus-hilfskr.	Fachkr.	Aus-hilfskr.	Fachkr.	30		60	
	240	450	480	900				
Schlepperkosten 25 €h (var. und fest)					50		100	
Var. Kosten Entlauber €/ha					5		10	
Feste Kosten Entlauber €/ha [1)]					10 ha	20 ha	10 ha	20 ha
					105	53	105	53
Summe Kosten €/ha	240	450	480	900	190	138	275	223

[1)] Anschaffungskosten einseitiger Saugluft-Entlauber 8000 €, Nutzungsdauer 10 Jahre, Zinssatz 5 %, unterstellte jährliche Einsatzfläche 10 bzw. 20 ha noch akzeptabel. Bei größeren Biegdrahtabständen verringert sich die Entblätterungs- und Ausdünnquote deutlich. Heftdrähte sollten sich nicht im Arbeitsbereich der Bürste befinden.

3.4.7 Kosten und Arbeitswirtschaft

In der weinbaulichen Praxis werden die Zeilen sowohl einseitig als auch beidseitig entblättert.Tab.15 und Tab.16 zeigen den Arbeitsaufwand und die Kosten bei den verschiedenen Verfahren.
Ein Vergleich zwischen einer manuellen und einer maschinellen Entblätterung wird von vielen Faktoren beeinflusst:

- Bei der manuellen Entblätterung spielen der Arbeitsaufwand (Intensität, ein- oder zweiseitige Durchführung) sowie das Lohnniveau der Arbeitskräfte die entscheidende Rolle.
- Bei den technischen Verfahren sind es in erster Linie die Gerätekosten, die Arbeitsgeschwindigkeit und der Einsatzumfang.
- Darüber hinaus müssen bei den maschinellen Entlaubungssystemen Nebeneffekte, wie das Putzen der Trauben oder eine Gescheins- bzw. Traubenausdünnung berücksichtigt werden.
- Die verbesserten Applikationsbedingungen nach einer Entblätterung ermöglichen beim Einsatz einfacher Sprühgeräte eher ein Befahren nur jeder zweiten Zeile. Im Falle einer Handlese verringert eine Entblätterung den Zeitaufwand.

Deshalb kann die Kalkulation in Tab. 16 nur als beispielhaft angesehen werden. Sie zeigt, dass das maschinelle Entblättern bei dem jährlich unterstellten Einsatzumfang billiger ist als eine Handentblätterung, selbst wenn diese durch preiswerte Aushilfskräfte vorgenommen wird. Alternativ sollte auch über die Inanspruchnahme eines Lohnunternehmers nachgedacht werden. Bei einem Preis von ca. 55 bis 60 €/h für die Saugsysteme (ohne MwSt. und Anfahrt) ist der Lohnunternehmer kostengünstiger als eine Handentblätterung und bei kleineren Flächen auch einer eigenen Mechanisierung vorzuziehen. Überlegenswert ist auch die Anschaffung eines Entlaubers im Rahmen einer Maschinengemeinschaft.

4 Laubarbeiten bei alternativen Erziehungssystemen

Nachfolgend werden alternative Erziehungssysteme nur insoweit beschrieben, wie dies für das Verständnis der erforderlichen Laubarbeiten und der damit im Zusammenhang stehenden Fragestellungen erforderlich ist. Weitergehende bzw. ergänzende Informationen zum Aufbau und zur Bewirtschaftung finden sich im Buch: Becker, Götz, Rebholz (2012): Rebschnitt. Verlag Eugen Ulmer, Stuttgart, siehe Literaturverzeichnis.

Seit 1993 werden in Deutschland auch Versuche mit so genannten Minimalschnittsystemen (minimal pruning systems) durchgeführt. Der zeitweise auch verwendete Begriff „Nichtschnittsysteme" ist nicht ganz korrekt. Bei dem „klassischen" Minimalschnitt (vgl. Kap. 4.1) wird zwar im Optimalfall auf Laubschnittmaßnahmen verzichtet, formerhaltende Korrekturschnitte in der vegetationsfreien Zeit sind jedoch auch hier zumindest gelegentlich erforderlich.

Die Bewirtschaftung eines Minimalschnittsystems unterscheidet sich in vielerlei Hinsicht von der Bewirtschaftung konventioneller Drahtrahmensysteme. Viele der zu berücksichtigenden Besonderheiten sind für den Erfolg oder Misserfolg der Bewirtschaftung von großer Bedeutung. Lange war die Einschätzung verbreitet, derartige Systeme, die insbesondere in Australien, aber auch in einigen Anbauregionen Nordamerikas schon seit längerem einen beachtlichen Stellenwert haben, seien für unsere klimatischen und anbautechnischen Bedingungen nicht geeignet. Die bei einem Verzicht auf einen kontrollierten Rebschnitt zwangsläufig sehr hohen Augenzahlen und die dadurch zu erwartende große und dichte Blattmasse schürten Befürchtungen hinsichtlich eines starken Qualitätsabfalls in Verbindung mit großen Gesundheitsproblemen für das Lesegut. Die Systeme haben mit dem Image zu kämpfen, sei seien nur für die Produktion einfacher Basisweine auf hohem Ertragsniveau geeignet. Zwischenzeitlich hat sich herausgestellt, dass es bei Beachtung wichtiger physiologischer Zusammenhänge unter geeigneten Rahmenbedingungen durchaus möglich ist, qualitativ sehr hochwertige Trauben zu produzieren.

Seit ca. 2008 hat sich neben dem „klassischen" Minimalschnitt mit dem sogenannten „Minimalschnitt im Spalier" noch eine weitere Variante etabliert. Aus verschiedenen Gründen (vgl. Kap. 4.2) stößt dieses System in Deutschland auf eine noch größere Akzeptanz als die klassische Form. Laubschnittmaßnahmen im Sommer sind bei diesem System obligatorisch.

4.1 „Klassischer" Minimalschnitt

Dieses System weist hinsichtlich der Anordnung des mehrjährigen und einjährigen Holzes sowie der Laubwandstruktur Ähnlichkeiten mit einer als Grundstückseinfriedung genutzten „lebenden Hecke" oder auch einer Laubbaumkrone auf. Im Inneren der räumlichen Struktur befindet sich eine von Blättern nur schwach besetzte Zone mit lebendem wie auch abgestorbenem mehrjährigem Holz. Auf der äußeren

Peripherie befinden sich die Ruten des einjährigen Holzes, aus deren Winteraugen sich jährlich eine hohe Zahl neuer, allerdings recht schwach wachsender grüner Triebe bildet (Abb. 83 bis Abb. 85). In der äußeren Peripherie befindet sich auch der überwiegende Teil der Blattmasse und Trauben.

Die Zahl der Augen auf dem jährlich gebildeten einjährigen Holz übersteigt die bei einem „normalen“ Rebschnitt belassenen Augenzahlen um ein Vielfaches. Da es aufgrund der drohenden Gefahr einer vegetativen und generativen Überlastung äußerst problematisch ist, einer noch jungen Ertragsanlage sehr hohe Augenzahlen zu belassen, werden üblicherweise bereits etablierte Ertragsanlagen mit einem hinreichend großen Wurzelsystem nach frühestens ca. 8 Jahren Standdauer auf Minimalschnitt umgestellt.

Dabei ist es sowohl möglich, eine Spalieranlage wie auch eine Anlage mit Umkehrerziehung in Minimalschnitt umzuwandeln. Da Gassenbreiten von mindestens ca. 3 m benötigt werden, ist es in umzustellenden Spalieranlagen in der Regel notwendig, jede zweite Zeile zu roden. In einer Umkehrerziehung läuft die Umwandlung in Minimalschnitt quasi von selbst, wenn auf den jährlichen Rebschnitt verzichtet wird. Voraussetzung ist allerdings die Erstellung einer bzw. Umrüstung zu einer äußerst stabilen Unterstützungsvorrichtung. Die von der Unterstützungsvorrichtung zu verkraftenden Zugkräfte auf den Draht und an den Ankern sowie der Winddruck gegen die Laubwand und damit die Ansprüche an die Standfestigkeit der Pfähle sind wesentlich höher als bei einem Spalierdrahtrahmen oder bei einer Umkehrerziehung. Wird eine Anlage umgestellt, ist eine Verstärkung der Unterstützungsvorrichtung zwingend erforderlich.

Abb. 84. Weitgehend verkahlter stockinnerer Bereich, Austrieb überwiegend auf der seitlichen und oberen Peripherie.

Abb. 85. Äußere Laubwandstruktur.

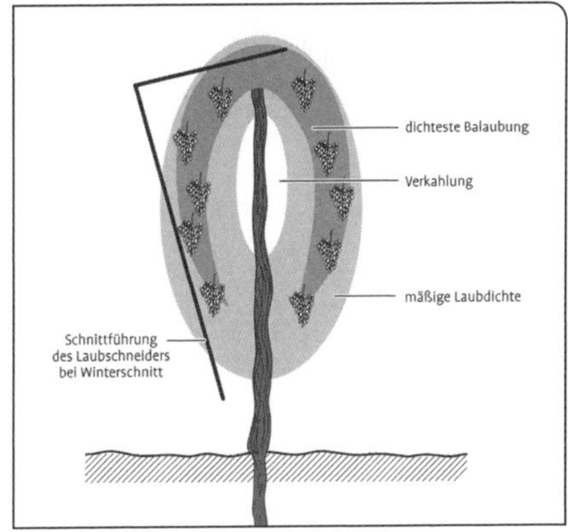

Abb. 83. Holz- und Laubstruktur bei klassischem Minimalschnitt (schematisch)

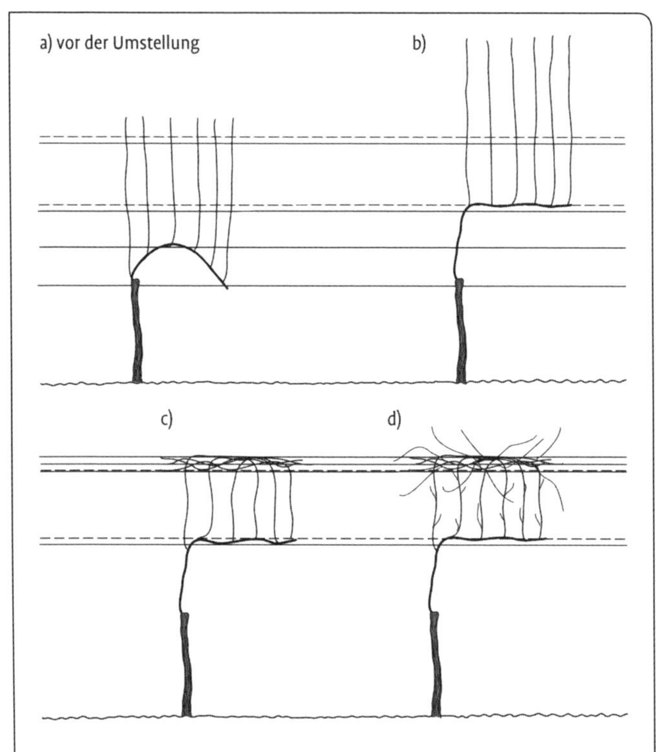

Abb. 86. Umstellung auf klassischen Minimalschnitt aus Spaliererziehung.

Abb. 86 zeigt die Möglichkeit einer Umstellung in einem Spalierdrahtrahmen. Abweichungen sind durchaus möglich, sofern sie zu einem vergleichbaren Endergebnis führen:

- In dem Jahr, in dem der Beschluss zur Umstellung gefallen ist, sollten die Bogreben im Frühjahr deutlich höher als üblich gebogen werden (z. B. Flachbogen auf das unterste Heftdrahtpaar). Im Sommer sollte der Laubschnitt dann so hoch wie möglich durchgeführt werden (b).
- Im nächsten Winter werden die überstehenden Rutenteile um die mittlerweile oben gebündelten Drähte gewickelt (c). Ursprünglich tief angeordnete, zukünftig überflüssige Bieg- und eventuell auch Heftdrähte können dort auf einer Höhe zusammengefasst werden. Je mehr Augen dort vorhanden sind, umso besser.
- Im darauf folgenden Frühjahr und Sommer zeigen das akrotonische Wachstumsmuster der Rebe (vgl. Kap. 2.5) und die Konkurrenzsituation der zahlreichen Augen untereinander ihre Wirkung: Die Augen auf den waagerecht und hoch angeordneten Rutenteilen treiben gut aus, während die tiefer angeordneten Zonen des vertikal stehenden Holzes nur einen schwachen Austrieb bzw. schwaches Triebwachstum zeigen (d). Je mehr Augen oben

vorhanden sind, umso weniger unerwünschte Triebe bilden sich im basalen Bereich der Ruten. Bei Sorten, bei denen ein chemisches Ausbrechen mit Shark oder Quickdown erlaubt ist (vgl. Kap. 3.1.2.3), könnten diese Triebe abgespritzt werden.

- Im nächsten Winter erfolgen keine weiteren Schnittmaßnahmen. Von oben ausgehend setzt die allmähliche „Heckenbildung“ mit einer im Lauf der Jahre einsetzenden und dann zunehmenden inneren Verkahlung ein. Gelegentliche formerhaltende Korrekturschnitte mit einem Laubschneider vor der Lese oder im Winter können bei Bedarf durchgeführt werden.

Bereits im Umstellungsjahr kommt es zur Bildung einer sehr hohen Trieb- und Traubenzahl. In der Regel ist damit im Umstellungsjahr (eventuell auch noch in den nächsten 1 bis 2 Jahren) ein sehr hoher, qualitativ allerdings bescheidener Ertrag in Verbindung mit einem deutlich geminderten Wachstum einer großen Zahl seitlich stehender oder hängender Triebe verbunden. Damit ist im nächsten Jahr die Augenzahl pro Stock nochmals deutlich höher als im Umstellungsjahr, wodurch sich das Wachstum der sich neu bildenden Triebe weiter verringert.

Theoretisch müssten die gebildeten Augenzahlen im Lauf der Jahre exponentiell immer weiter ansteigen, da ein Auge einen Trieb bilden kann, der seinerseits –falls kein Rebschnitt erfolgt- im darauffolgenden Jahr eine größere Zahl neuer Winteraugen bildet.

Jede exponentielle Zunahme der Augen- und damit auch Triebzahlen würde Letzteren im wahrsten Sinne des Wortes Licht und Luft nehmen und die vom Wurzelsystem zu gewährleistende Wasser- und Nährstoffversorgung vollkommen überfordern.

Unter der Annahme, dass ein Trieb auf ausgereiftem Holz durchschnittlich 8 austriebsfähige Augen bildet, würde bei deren vollständigem Austrieb die Augenzahl und damit auch die Triebzahl binnen weniger Jahre „explodieren“. Hätte man z. B. im Umstellungsjahr 50 Augen auf einjährigem Holz, dann würde sich bereits nach nur 5 Jahren eine gigantische Augenzahl ergeben:

50 (Umstellungsjahr) → 400 (2. Jahr) → 3200 (3. Jahr) → 25 600 (4. Jahr) → 204 800 (5. Jahr) → ...

Jede Hecke und jeder Laubbaum zeigt, dass genau dies nicht eintritt. Es kommt nicht zu einer derartigen Zunahme, sondern es greifen Mechanismen, die man als „vegetative Selbstregulation“ bezeichnen kann. An der Rebe sind folgende Effekte zu beobachten:

- An vielen neugebildeten Trieben verholzen nur die basalen Internodien genügend gut, um den Winter zu überstehen. Der übrige Teil des Triebs stirbt ab und weist dann im Folgejahr in diesem Bereich Augen auf, die nicht austriebsfähig sind.
- Fortlaufend sterben in schlecht belichteten Zonen der Laub- und Holzstruktur Teile des Altholzes und damit auch die darauf sitzenden potenziell zumindest teilweise austriebsfähigen einjährigen Ruten ab; ein Vorgang, den man auch in Laubbaumkronen sehr gut beobachten kann.
- Ein beträchtlicher Teil der an sich austriebsfähigen Augen auf ausgereiftem einjährigem Holz treibt nicht aus, da die dazu benötigten Reservestoffe des Vorjahres dafür einfach nicht ausreichen. Man kann davon ausgehen, dass auch hormonelle Prozesse an dieser

„Selbstbeschränkung" beteiligt sind. Die Austriebsraten (Anteil austreibender Augen bezogen auf die Gesamtzahl potenziell austriebsfähiger Augen) sind also deutlich niedriger als bei einem Erziehungssystem, bei dem auf eine kontrollierte Augenzahl angeschnitten wird.

Alle Effekte im Verbund sorgen für die erwähnte „vegetative Selbstregulation", die dazu führt, dass die Triebzahl auch beim Verzicht auf Korrekturmaßnahmen (Rebschnitt) nicht über die Jahre immer weiter ansteigt, sondern nach mehreren Jahren sich auf einem hohen Niveau einpendelt und stabilisiert, sofern man dem Stock keine weitere Ausdehnungsmöglichkeit bietet.

Wie groß die gebildete Triebzahl, Augenzahl und Blattmasse ist, hängt auch vom Wasser- und Nährstoffangebot des Bodens sowie dem Leistungsvermögen des Wurzelwerks ab. Keine mehrjährige Pflanze wächst sich bei einem Verzicht auf Schnittmaßnahmen (ähnlich wie in der Natur) in einer Weise „tot", in der die gesteigerten Wasser- und Nährstoffansprüche des oberirdischen Sprossteils mit seiner Laubmasse das Leistungsvermögen des Wasser- und Nährstoffaufnahmeapparats übersteigen würden. Vielmehr greift der Vergleich mit einem Spiegel. Der oberirdische Spross und das Wurzelsystem verhalten sie wie Bild und Spiegelbild. Sie beeinflussen sich in ihrer Ausprägung gegenseitig. Eine Vergrößerung des oberirdischen Sprossteils durch zunehmende Triebzahl und Blattfläche induziert eine Ausweitung des Wurzelsystems und damit eine Steigerung des Wasser- und Nährstoffaufnahmevermögens. Anderseits limitiert die genetisch und bodenbedingt begrenzte Ausdehnungsmöglichkeit des Wurzelsystems und das limitierte Wasser- und Nährstoffangebot des Bodens die Steigerung des Wasser- und Nährstoffaufnahmevermögens wodurch dann auch die Ausdehnung des oberirdischen Sprosses begrenzt ist. Darüber hinaus ist in einer Rebanlage der für jeden Stock verfügbare Raum durch die Existenz der Nachbarstöcke begrenzt. Auf begrenztem Raum würde eine fortwährende Zunahme der Triebzahl die Belichtungssituation immer weiter verschlechtern, was wiederum das Absterben von Trieben und Altholzteilen begünstigt.

Es bleibt die außerordentlich wichtige Feststellung, dass ein kontrollierter Rebschnitt, so wie er im Drahtrahmen praktiziert wird, bei dem jährlich ca. 80–90 % des einjährigen Holzes weggeschnitten werden, dem natürlichen Wachstumsverhalten der Rebe völlig zuwider läuft. Mehr als bei jedem anderen Erziehungssystem erlaubt ein Minimalschnitt der Rebe ein Verhalten, das dem sehr nahe kommt, das sie in der Natur an den Tag legen würde. Die Evolution hat dafür gesorgt, dass es nicht zu einem die Existenz der Pflanze gefährdenden Ungleichgewicht zwischen dem Nährstoff- und Wasserbedarf des oberirdischen Sprosses und dem entsprechenden Leistungsvermögen der Wurzel kommt. Es handelt sich um ein von der Pflanze fein austariertes System der Selbstregulation, in das sie ca. 2–4 Jahre nach der Umstellung gerät – falls sie nicht daran gehindert wird!

Diese Zusammenhänge muss man verinnerlichen, um verstehen zu können, wie ein Minimalschnittsystem funktioniert und um verstehen zu können, was man tun darf, tun muss oder auch unterlassen muss. So reduziert z. B. logischerweise ein zu üppiges N- und Wasserangebot die Notwendigkeit einer vegetativen Selbstregulation. Stärkeres Triebwachstum, vor allem aber auch höhere Triebzahlen und Trieblängen, letztlich völlig verdichtete Laubstrukturen mit denkbar ungünstigen Bedingungen für einen qualitativ befriedigenden Ertrag wären das Resultat.

Aber nicht nur der jährliche vegetative Zuwachs (Blätter, einjährige Triebe), sondern insbesondere auch der generative Zuwachs, also die Trauben, stellen Ansprüche an die Nährstoff- und Wasserversorgung. Auch auf dieser Ebene kommt es bei Verzicht auf Schnittmaßnahmen zu Selbstregulationsvorgängen, die man als generative Selbstregulation bewerten kann:

- Die Fruchtbarkeit der Triebe geht zurück. Dies schlägt sich in einer geringeren Gescheinszahl pro Trieb und in einer geringeren Gescheinsgröße (Blütenzahl pro Geschein) nieder.
- Der Blüteverlauf verschlechtert sich. Die Durchblühraten, die mittleren Kernzahlen und Kerngewichte gehen zurück. Damit bilden sich weniger und dünnere Beeren als bei einem vergleichbar großen Geschein in einem Bewirtschaftungssystem mit Rebschnitt. Die sich bildenden äußerst lockeren Trauben zeigen aufgrund dieser Struktur in der Reifephase nur eine sehr geringe Botrytisneigung. Die Verschiebung des Fruchtfleisch-/Schalenanteils zu Gunsten des Schalenanteils begünstigt die Aromatik.

Da die jährlich gebildete Triebzahl pro Stock aber trotz der vegetativen Selbstregulation ein Mehrfaches dessen beträgt, was bei Systemen mit kontrolliertem Rebschnitt anzutreffen ist, liegt die im Endeffekt gebildete Beerenzahl/Stock trotz geringerer Gescheinszahl pro Trieb, kleinerer Blütenzahl/Geschein und geringerer Durchblührate immer noch weit über dem, was bei konventionellen Systemen anzutreffen ist. Ist die erwähnte Selbstregulation schlecht oder wird sie zu sehr gestört, besteht damit die Gefahr dauerhaft überhöhter qualitätsmindernder Erträge.

Die erwähnten vegetativen und generativen Selbstregulationsmechanismen sind für die Pflanze als Schutzfunktion zu bewerten. Die Fähigkeit zur Selbstregulation ist auch sortenabhängig. Da die Selektion durch Kreuzungszüchtung entstandener neuer Sorten in Erziehungssystemen stattgefunden hat, bei denen ein jährlicher Rebschnitt selbstverständlich ist, ist es nicht verwunderlich, dass eine Reihe derartiger Sorten über eine geringere Fähigkeit zur Selbstregulation verfügen als Wildreben oder auch einige alte Standardsorten, die im Laufe der Kulturgeschichte des Weinbaus aus Wildreben entstanden sind. Praktiker wissen, dass man Anlagen mit neueren Sorten, die zu einer hohen Ertragsleistung fähig sind (z. B. Dornfelder, Müller-Thurgau) durch zu starken Anschnitt in einer Weise überfordern kann, dass dadurch die Vitalität und die Lebensdauer der Stöcke empfindlich beeinträchtigt wird. Riesling, als Gegenbeispiel, verkraftet einen überhöhten Anschnitt wesentlich besser, da seine Fähigkeit insbesondere zur generativen Selbstregulation deutlich stärker ausgeprägt ist. Rebsorten mit einer ausgeprägten Fähigkeit zur Selbstregulation eignen sich für den Minimalschnitt daher besser als Sorten, die diese Fähigkeit in geringerem Ausmaß aufweisen. Ertragsregulierende Maßnahmen müssen dann an die Stelle der Selbstregulation treten.

Für die erfolgreiche Bewirtschaftung eines klassischen Minimalschnittsystems ist eine gut funktionierende Selbstregulation von großem Vorteil. Sie wird massiv gestört, wenn während der vegetativen Wachstumsphase Triebspitzen gekappt werden. Dies induziert nicht nur eine Geiztriebbildung, die in Anbetracht der in der

Regel ohnehin schon sehr dichten Laubstrukturen unerwünscht wäre, sondern begünstigt auch die Assimilatzufuhr zu den Trauben. Findet dies bereits in einem Zeitraum statt, in dem Assimilate nicht eingelagert, sondern für Zellteilung verbraucht werden, würde damit das Dickenwachstum angeregt. Das Kappen der Triebspitzen begünstigt auch die Bildung von Blütenprimordien (Gescheinsanlagen) in den Winteraugen. Zusammenfassend betrachtet führt die Störung der Selbstregulation im Wege eines Laubschnittes zu einer deutlichen Ertragssteigerung. In Anbetracht des in der Regel ohnehin bereits hohen Einzelstockertrags wäre dies unerwünscht und würde wiederum Ertragsregulierungsmaßnahmen erforderlich machen, von denen aber lediglich die Ausdünnung mit dem Vollernter praktikabel ist.

Die erwähnte Störung der Selbstregulation durch Laubschnitt findet nicht mehr statt, wenn das Triebwachstum zum Zeitpunkt des Schnittes vollkommen abgeschlossen ist. Dies ist in der Regel in der fortgeschrittenen Reifephase der Fall. In diesem Zeitraum ist es möglich, die Triebe mit dem Laubschneider etwas zu kappen. Damit kann die äußere Begrenzung der Laubstruktur so geformt werden, dass der (unverzichtbare) Einsatz des Vollernters für die Lese möglich ist.

Es versteht sich von selbst, dass die Geometrie praxisüblicher, für den Spalierdrahtrahmen konzipierter Laubschneider für den Laubschnitt derartiger Minimalschnittanlagen ungeeignet oder zumindest nicht ideal ist. Es ist jedoch möglich, diese Geräte so um- oder nachzurüsten (z. B. mit winkelverstellbaren Unterschnittmessern)

Abb. 87. Minimalschnittanlage auf einem fruchtbaren Standort; kein Laubschnitt und extensive Bodenpflege – gewöhnungsbedürftig aber in der Situation richtig.

oder auch einzustellen, dass ein später Laubschnitt möglich wird, sofern er für den Vollerntereinsatz unverzichtbar erscheint. In dem erwähnten Zeitraum ist er möglich, aber nicht in jedem Fall nötig.

Wird auf Schnittmaßnahmen völlig verzichtet, wandert die Holzstruktur mangels vorhandener Unterstützungsvorrichtung im Laufe der Jahre nach unten. Dies kann nicht geduldet werden. Durch einen Winterschnitt von Triebteilen, die entweder zu weit in die Gasse oder bereits zu weit nach unten ragen, mit einem geeigneten Laubschneider(vorrangig Messerbalken) kann dem vorgebeugt werden. Es muss dabei allerdings darauf geachtet werden, nicht zu viel Holz wegzuschneiden, da andernfalls die erwähnte Selbstregulation zu sehr gestört würde. Es handelt sich also nicht um einen Rebschnitt im Sinne einer kontrollierten Augenzahl, sondern lediglich um die Formerhaltung des Systems. Je nach Wuchsintensität ist dieser Schnitt aber nicht in jedem Jahr erforderlich.

Es ist unstrittig, dass es bei richtiger Bewirtschaftung unter geeigneten Rahmenbedingungen möglich ist, mit „klassischem“ Minimalschnitt bei außerordentlich geringem Arbeitsaufwand gute, zumindest aber akzeptable Qualitäten dauerhaft zu ernten. Fehler, wie z. B. eine zu sehr wuchskraftstärkende Bodenpflege bzw. Düngung, ein zu früher bzw. zu starker Schnitt oder auch eine mangelnde Applikationsqualität können hingegen alle Erfolge zunichtemachen.

Vielen Winzern fällt es schwer, zu verstehen, dass dieses System völlig anders funktioniert als Erziehungssysteme mit

Abb. 88. Blattflächenentwicklung in der frühen Vegetationsphase beim klassischen Minimalschnitt und im Spalierdrahtrahmen zum Vergleich.

kontrolliertem Rebschnitt. Dies alles trägt dazu bei, dass die Ergebnisse im Sinne des Bewirtschaftungserfolgs insbesondere aber der Traubenqualität in der Praxis eine große Spannbreite aufweisen, die die Akzeptanz begrenzen. Im Gespräch mit Winzern stellt sich immer wieder heraus, dass der Hauptanlass, sich mit diesem System nicht ernsthaft zu beschäftigen, ein emotionaler Aspekt ist! Verglichen mit einem „gepflegten" Drahtrahmen wirkt eine Minimalschnitt-Anlage unordentlich, ungepflegt oder gar verwahrlost (Abb. 87). Dem daraus resultierenden Image (Zitate: „Das ist der Einstieg zum Ausstieg" oder „Was sollen denn die Leute denken!") wollen sich viele nicht aussetzen.

Hierin dürfte ein ganz entscheidender Beweggrund liegen, warum eine neue Variante des Minimalschnittes, der „Minimalschnitt im Spalier" binnen weniger Jahre auf extremes Interesse und außerordentliche Akzeptanz gestoßen ist. Es handelt sich ebenfalls um ein sehr arbeitssparendes System ohne kontrollierten Rebschnitt, das zumindest hinsichtlich der äußerlichen Erscheinung viele Parallelen zu einem normalen Spalierdrahtrahmen hat und dadurch weniger mit dem Etikett behaftet ist, es handele sich um einen ungepflegten, verwahrlosten und damit qualitativ zwangsläufig minderwertigen Weinbau.

Im Vergleich zum Spalierdrahtrahmen ergeben sich beim Minimalschnitt wesentlich größere Blattflächenindizes. Sie können durchaus bei bis zu ca. 6 m^2 Blattfläche pro m^2 Bodenfläche liegen (vgl. Kap. 2.6). Vor allem zu Beginn der Vegetation ist bereits wesentlich früher als beim Drahtrahmen eine beträchtliche Blattfläche vorhanden (Abb. 88). Die an sich berechtigten Befürchtungen, dass dieses System aufgrund dessen wesentlich stärker zu Wasserstress tendieren müsse, haben sich jedoch nicht oder zumindest nicht im erwarteten Maß bestätigt. Dazu mag zum einen die Tatsache beitragen, dass ein höherer Blattflächenanteil beschattet ist. Das wirkt sich zwar negativ auf dessen Photosyntheseleistung aus, senkt aber auch den Wasserverbrauch. Zum anderen hat man offensichtlich die Fähigkeit des Wurzelsystems unterschätzt, auf den erhöhten Wasserbedarf mit einer Steigerung der Leistungsfähigkeit durch Ausbreitung in Breite und Tiefe zu reagieren. Der anregende Effekt auf das Wurzelwachstum wird auch durch eine erstaunliche Beobachtung bestätigt – Chloroseprobleme nahmen nach der Umstellung auf Minimalschnitt in fränkischen Versuchen ab (Schwab, A. und Nüsslein, R.; 2002).

4.2 Minimalschnitt im Spalier

Minimalschnitt im Spalier ist eine neue Erziehung, die sowohl Vorteile des „klassischen" Minimalschnitts" als auch der konventionellen Spaliererziehung in sich vereint. Gemeinsamkeiten zum klassischen (australischen) Minimalschnitt bestehen hinsichtlich der günstigen Arbeits- und Betriebswirtschaft, der hohen Ertragsstabilität und der guten Traubengesundheit. Auch die physiologischen und morphologischen Merkmale entsprechen weitgehend denen des klassischen Minimalschnitts. Eine wichtige Ausnahme bildet der beim Minimalschnitt im Spalier obligatorische Laubschnitt im Sommer.

Auch beim Minimalschnitt im Spalier ist die Augenzahl pro Stock wesentlich höher als bei einem System mit kontrolliertem Rebschnitt. Daher lassen sich die diesbezüglichen Ausführungen zur Selbstregulation in Kap. 4.1 weitgehend auf dieses System übertragen.

Ähnlich wie beim konventionellen Minimalschnitt ist auch beim Minimalschnitt im Spalier die Traubenentwicklung inhomogener als bei der Spaliererziehung. Die unteren und im Laubwandinneren stärker beschatteten Trauben weisen gegenüber den oberen, besser belichteten Trauben einen Entwicklungsrückstand auf. In aller Regel ist bei beiden Minimalschnittsystemen mit einem Reiferückstand von bis zu zwei Wochen zu rechnen.

Weitere Besonderheiten – auch das gilt für beide Systeme – ergeben sich durch die hohen Triebzahlen und die damit einhergehende hohe Triebdichte. Damit sind diese Erziehungssysteme vor äußeren Einflüssen, wie Hagel, Windbruch oder Sonnenbrand besser geschützt.

Der hohe Anteil von bodenfernen Trieben – und auch das gilt für beide Systeme – verringert auch das Spätfrostrisiko. Stirbt dennoch als Folge von Frost ein Teil der potenziell austriebsfähigen Augen ab, steigt bei den überlebenden Augen die Austriebsrate, so dass die Anlagen im Endeffekt weniger geschädigt werden als bei Normalanlagen, in denen im Normalfall die Austriebsrate zwischen ca. 85 und 95 % liegt

Die Überlegungen seien an einem Beispiel veranschaulicht:

Spalierdrahtrahmen mit durchschnittlich 12 Augen/Stock:

Kein Frostschaden:

12 austriebfähige Augen/Stock, Austriebsrate 95 % → 11,4 neue Triebe/Stock

Abb. 89. Frostschäden nach Spätfrost bei gleicher Sorte im Spalierdrahtrahmen und MS im Spalier zum Vergleich.

Abb. 90. Der Minimalschnitt im Spalier hat viele kurze Triebe mit kleinen, lockeren Trauben.

Frostschaden (50 % der Augen erfroren):
 6 austriebfähige Augen/Stock, Austriebsrate 95 % → 5,7 neue Triebe/Stock (= 50 % weniger)

Minimalschnitt im Spalier mit durchschnittlich 200 Augen/Stock, davon 140 auf ausgereiftem Holz und damit potenziell austriebsfähig:
Kein Frostschaden:
 140 austriebfähige Augen/Stock, Austriebsrate 60 % → 84 neue Triebe
Frostschaden (35 % der Augen erfroren):
 91 austriebfähige Augen/Stock, Austriebsrate 75 % → 68,3 neue Triebe (= 18,7 % weniger)

Auch sind Neuinfektionen durch holzzerstörende Pilzen (Esca, Eutypa) über Schnittwunden bei beiden Systemen kaum noch zu erwarten. BECKER, A. (2011) konnte einen langfristigen Rückgang der Zahl absterbender Stöcke nach dem Übergang auf Minimalschnitt beobachten.

Die Vielzahl der morphologischen und physiologischen Besonderheiten führt dazu, dass Minimalschnittsysteme zahlreiche Merkmale aufweisen, die im Zuge der globalen Erwärmung vorteilhaft sind (z. B. verzögerte Reife).

Beim Minimalschnitt im Spalier werden, im Gegensatz zu dem klassischen Minimalschnitt aus Australien, keine breiteren Zeilen benötigt. Bei diesem System bleibt die Form des Spaliers erhalten. Es entsteht keine heckenartige Struktur. Dafür muss im Sommer und im Winter korrigierend mit einem Laubschneider eingegriffen werden.

Umstellung: Die Umstellung auf den Minimalschnitt im Spalier ist recht einfach und erfordert keinen großen Arbeitsaufwand. Ab 1,80 m Zeilenbreite können bestehende Spalieranlagen problemlos umgestellt werden. Eine Rodung von Zeilen oder eine Verstärkung der Unterstützung – vorausgesetzt diese ist intakt – sind nicht erforderlich. Sind die Pfähle nicht mehr sonderlich stabil, müssen sie ausgebessert oder evtl. gar verstärkt werden (zusätzlicher Pfahl hinter jedem zweiten Stock). Die vorher konventionell bewirtschaftete Spalieranlage wird nicht mehr geschnitten und gebogen. Alle Triebe werden wachsen gelassen. Es ist lediglich darauf zu achten, dass über dem obersten Heftdraht kein allzu hoher Überstand der Ruten (max. 20 bis 25 cm) gegeben ist, damit nicht die Gefahr besteht, dass nach dem Austrieb die oberen Triebe umkippen und in die Zeile ragen,

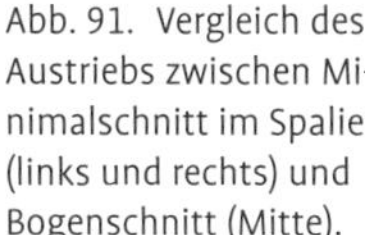

Abb. 91. Vergleich des Austriebs zwischen Minimalschnitt im Spalier (links und rechts) und Bogenschnitt (Mitte).

was Verdichtungsprobleme verursachen und einen frühen Laubschnitt notwendig machen würde. Die meisten Anlagen erfüllen diese Voraussetzung. Ein Rückschnitt bis kurz über das obere Heftdrahtpaar kann erwogen werden, um das Ertragspotenzial etwas zu verringern und die Traubenzone nicht allzu hoch werden zu lassen. Es muss sichergestellt sein, dass der Vollernter bei der Ausdünnung und der Ernte auch noch die oberen Trauben erfasst.

Ab dem 5. bis 6. Standjahr können Anlagen umgestellt werden, sofern eine gute Wüchsigkeit vorhanden ist. Gerade bei jüngeren Anlagen muss durch Ausdünnen einer Stocküberlastung vorgebeugt werden. Überlastete Stöcke gehen zwar nicht ein, aber durch Erschöpfung reagieren sie im nächsten Jahr mit einem geringeren Austrieb (Abb. 92) und kümmerlichem Wuchs. Wird darauf geachtet, dass sich die Erträge – in einem für den Standort – „normalen Maß“ bewegen, so ist auch die Lebensdauer von Minimalschnittanlagen mit denen von Normalanlagen gleichzusetzen.

Eine Rückumstellung auf die konventionelle Drahtrahmenerziehung ist möglich, wobei dann für ein Jahr die Anlage auf einen „Heckenschnitt“ mit Zapfen oder Streckern zurück geschnitten werden muss. Dies funktioniert allerdings nur, wenn noch genügend Triebe im basalen Bereich vorhanden sind. Bei Sorten mit starker Verkahlung im basalen Bereich ist eine Rückumstellung problematisch.

Drahtrahmen: Aufgrund der höheren Traubenlast – insbesondere im oberen Laubwandbereich – besteht die Gefahr, dass Triebe nicht gehalten werden und im Drahtrahmen nach unten rutschen. Dies muss verhindert werden, da es ansonsten zu Verdichtungen und erhöhter Fäulnis kommen kann. Es ist deshalb unabdingbar, dass die Triebe gut zwischen den Heftdrähten fixiert sind. Bei Anlagen mit niedrigen Laubwänden (Stickelhöhen bis 1,70 m) genügen zwei Heftdrahtpaare. Bei höheren Laubwänden (Stickelhöhen ab 1,80 m) werden 3 Heftdrahtpaare empfohlen. Feste Drähte (Rankdrähte) sind nicht geeignet,

Abb. 92. Auswirkungen des Ertrags auf den Austrieb im Folgejahr. Rechte Zeile geringerer Austrieb aufgrund eines hohen Ertrages im Vorjahr (keine Ausdünnung), linke Zeile wurde ausgedünnt und hat eine höhere Austriebsrate aufgrund einer besseren Reservestoffeinlagerung.

da die Ranken unter der Last leicht abreißen und die Triebe nach unten fallen. Sind diese Voraussetzungen nicht erfüllt, müssen zusätzlich Drähte eingezogen werden. Zur sicheren Fixierung der Triebe zwischen den Heftdrähten müssen diese gut zusammen geklammert sein. Die Klammerung muss beständig sein, einen sicheren Halt haben und darf sich beim Vollerntereinsatz nicht lösen. Bewährt haben sich Metallklammern. Die handelsüblichen Metallklammern lösen sich leicht beim Vollernteeinsatz und müssen deshalb mit einer Zange zugedrückt werden. Für eine sichere Fixierung der Triebe sollten pro Stickellänge 3 Klammern an jedem Heftdrahtpaar gesetzt werden. Besteht die Unterstützung aus Holzstickeln, so müssen die Hefthaken sicher an den Pfählen verankert sein, damit sie sich nicht unter der Last lösen und herausfallen. Ansonsten kommt es zum Runterrutschen der Drähte und somit zu einer Zusammenballung von Trieben und Trauben, was die Fäulnisgefahr erhöht. Da die Drähte bei dieser Erziehung nicht mehr bewegt werden, können die Heftnägel ganz in den Pfahl eingeschlagen werden. Dies gewährleistet einen recht sicheren Halt.

Vorherige Rebenerziehung: Im Prinzip können alle Varianten der Drahtrahmenerziehung umgestellt werden.

- Beim Halb- und Pendelbogen ist darauf zu achten, dass die Bogenbindungen am unteren Biegdraht haltbar sind und sich unter der Last nicht lösen. Ansonsten besteht die Gefahr, dass Triebe am Bogrebenende samt Trauben nach unten sacken und sich in Bodennähe befinden. Besonders bei Drahtbindungen mit Beli– oder Ligatex-Bindezangen besteht diese Gefahr. In diesen Fällen ist ein Nachbinden mit stabileren Bindungen, wie dickerem papierumhüllten oder besser noch kunststoffummantelten Bindedraht anzuraten. Seitlich oder nach unten abstehende Triebe, die nicht im Drahtrahmen fixiert sind, sollten abgeschnitten werden. Eine andere Lösung ist das Abschneiden des Bogrebenendes vor dem unteren Biegdraht. Bei dieser Variante muss aber das Endteil der Bogrebe samt Trieben aus dem

Drahtrahmen gezogen werden, was einen gewissen Mehraufwand bedeutet. Dafür bringt diese Maßnahme eine etwas luftigere Laubwand und senkt das Ertragsniveau.

- Bei der Flachbogenerziehung ist darauf zu achten, dass der Bogen gut am Biegdraht fixiert ist und sich nicht durch das Triebgewicht oder die Schlagwirkung bei der Vollernterausdünnung löst. Wird der Flachbogen nur auf den Draht aufgelegt, so ist ein mehrfaches Anbinden mit haltbaren Bindematerialien empfehlenswert. Eine bessere Stabilität bekommt der Flachbogen allerdings, wenn er um den Biegdraht gewickelt wird.

Laubarbeiten

Auch beim Minimalschnitt im Spalier kann auf das Ausbrechen am Stamm nicht verzichtet werden. Es ist allerdings, abgesehen von Kontroll- und Ausbesserungsarbeiten, die einzige manuelle Tätigkeit bei diesem Erziehungssystem, sofern es nicht maschinell oder chemisch erfolgt. Im Gegensatz zur Normalerziehung mit Bogenschnitt muss der Stammkopf nicht ausgebrochen werden. Da beim Minimalschnitt die meiste Wuchskraft in den oberen Triebbereich geht, ist die Neigung zur Wasserschossbildung gegenüber der Bogenerziehung stark reduziert. Tab. 17 zeigt entsprechende Boniturergebnisse aus 2011.

Bei Rebsorten, für die eine Genehmigung zum chemischen Ausbrechen besteht (vgl. Kap. 3.1.2.3), kann das Ausbrechen auch auf diesem Weg erfolgen. Dabei ist, im Gegensatz zur Bogenerziehung, eine gewisse Abdrift auf die unteren Triebe eher tolerierbar. Diese Triebe sind schlecht belichtet und die Trauben in dem untersten Laubwandbereich sind deshalb qualitativ schlechter als die oben hängenden Trauben. Von daher ist ein gewisser Verlust an unteren Trieben inkl. Gescheine nicht negativ zu sehen, zumal Minimalschnittanlagen eine sehr hohe Triebzahl bilden (Tab. 18).

Tab. 17. *Vergleich der Wasserschossbildung am Stamm zwischen dem Minimalschnitt im Spalier (MSS) und der Bogenerziehung bei verschiedenen Rebsorten*

	Anzahl Wasserschosse/100 Rebstämme		
	Riesling	Silvaner	Spätburgunder
MSS	79–146	28–40	34–41
Bogen	205–268	220–259	95–110

Tab. 18. *Vergleich der Triebzahl pro laufenden Meter Zeile zwischen dem Minimalschnitt im Spalier (MSS) und der Bogenerziehung bei verschiedenen Rebsorten*

	Riesling	Silvaner	Spätburg.
MSS	151–198	131–147	105–141
Bogen [1)]	14–18	18–23	16–21

[1)] Triebzahl vor dem Ausbrechen auf der Bogrebe

Die Austriebsrate beim Minimalschnitt im Spalier ist stark abhängig von der Belastung der Anlage. Ist das Ertragsniveau sehr hoch und demzufolge die Reservestoffeinlagerung ins Holz verringert, so ist im nächsten Jahr mit einem geringeren Austrieb zu rechnen. Die Abb. 92 zeigt dies deutlich. Die rechte Zeile war im Vorjahr nicht ausgedünnt und brachte einen sehr hohen Ertrag, was sich im darauf folgenden Frühjahr in einem geringeren Austrieb niederschlug. Die linke Zeile wurde mit dem Vollernter ausgedünnt und zeigte aufgrund der geringeren Vorjahrsbelastung einen deutlich besseren Austrieb. In Abhängigkeit von der Belastung findet also eine (erzwungene) Selbstregulation statt.

Das Heften entfällt, allerdings sollten die Heftdrähte gut zusammengeklammert sein, damit die Laubwand nicht zu breit wird und die Triebe nicht nach unten rutschen können. Zunächst werden alle Triebe wachsen gelassen. Erst wenn die Laubwand zu üppig und dicht wird, erfolgt der Laubschnitt. Hier besteht der aus physiologischer Sicht wichtigste Unterschied zum klassischen Minimalschnitt. Beim Minimalschnitt im Spalier wird der Laubschnitt wie bei einer „normalen" Spaliererziehung durchgeführt. Die Belüftung und Besonnung werden verbessert und die Form des Spaliers erhalten bleibt. Der Laubschnitt sollte nach Möglichkeit erst nach der Blüte vorgenommen werden. Ein Laubschnitt vor der Blüte führt zu einer besseren Befruchtung und damit zu größeren und kompakteren Trauben. Aber auch ein Laubschnitt nach der Blüte in der Zellteilungsphase der Beere begünstigt noch das Dickenwachstum der Beeren und die Bildung von Gescheinsanlagen in den Winteraugen.

Diese ertragssteigernde Wirkung des Laubschnitts ist als eine Störung der Selbstregulation zu betrachten, die beim

Abb. 93. Wird die Laubwand zu dicht und die Gassen wachsen zu, muss das Laub geschnitten werden.

klassischen Minimalschnitt nicht auftritt – sofern dieser richtig praktiziert wird. Hierin liegt ein wesentlicher Grund, warum beim klassischen Minimalschnitt, vorausgesetzt dass Nährstoff- und Wasseranlieferungsvermögen des Bodens ist nicht zu hoch, sich die Erträge nach einigen Jahren auf einem moderaten Niveau einpendeln, so dass keine Ertragskorrekturen erforderlich sind. Ein sehr geringer Austrieb beim Minimalschnitt im Spalier im Folgejahr nach einem Überertrag im Vorjahr (Abb. 91) stellt weniger eine physiologische Selbstregulation dar, sondern ist eher das Resultat eines physiologischen Erschöpfungszustandes. Er ist daher nicht anzustreben.

Das im Vergleich zum klassischen Minimalschnitt noch höhere Ertragspotenzial des Minimalschnitts im Spalier ist selbstverständlich auch auf die höhere Stockzahl zurückzuführen. Klassischer Minimalschnitt erfordert Gassenbreiten von mindestens ca. 3 m, was bei Umstellung von Spalierdrahtrahmenanlagen die Entfernung jeder zweiten Zeile erfordert. Hingegen ist es bei vorhandenen Gassenbreiten um 2 m problemlos möglich, eine Spalierdrahtrahmenanlage mit Bogrebenschnitt auf Spalier-Minimalschnitt umzustellen.

Aufgrund der hohen Traubenzahl und tendenziell ertragssteigernden Wirkung des Laubschnitts ist bei diesem System die Ertragskorrektur mit dem Vollernter einzuplanen. Manuelle Maßnahmen zur Ertragskorrektur scheiden aufgrund des unverhältnismäßig hohen Arbeitsaufwandes aus.

Bei sehr üppig wachsender Laubwand kann es allerdings erforderlich sein, schon kurz vor der Blüte Laub zu schneiden. In den meisten Fällen genügt ein einmaliger Laubschnitt. Da die Zahl der sich bildenden Geiztriebe sehr viel höher als in einem normalen Drahtrahmen ist, wachsen

Abb. 94. Nach dem Laubschnitt ist die Form des Spaliers wieder hergestellt (rechts). Linke Zeilen „normale" Spaliererziehung vor dem Laubschnitt.

diese Geiztriebe wesentlich langsamer, so dass die Notwendigkeit für einen zweiten Laubschnitt eher die Ausnahme als die Regel ist. Wird ein zweiter Laubschnitt erforderlich, so sollte dies als Signal betrachtet werden, die Wuchskraft der Anlage zu bremsen. Die im Vergleich zum normalen Drahtrahmen tendenziell spätere Geiztriebbildung und deren schwächere Entwicklung führen dazu, dass diese Geiztriebe nur wenige Gescheine ansetzen. Die Geiztraubenbildung bleibt somit gering.

Eine Entblätterung in Spalier-Minimalschnittanlagen ist nicht ratsam, da dieses Erziehungssystem meist ohnehin kein optimales BFV aufweist und Reduzierung der Blattfläche daher nicht sinnvoll ist.

Winterschnitt: Im Spätherbst oder Winter muss ein Rückschnitt erfolgen. Er ist notwendig, um die Form des Spaliers zu erhalten. Überstehende und seitlich abstehende Triebe werden zurückgestutzt. Hierfür eignen sich Messerbalkengeräte besonders gut, aber auch Laubschneider mit rotierenden Messern sind geeignet. Trotz dieses Rückschnittes treiben im folgenden Frühjahr rund 70 bis 150 Triebe pro lfd. Meter Zeile aus. Dabei spielt, wie bereits erwähnt, die Stockbelastung im Vorjahr eine wichtige Rolle. Je höher der Stockertrag im Vorjahr, desto geringer die Austriebsrate im Folgejahr und umgekehrt.

4.3 Sonstige Erziehungssysteme

Neben dem Spalierdrahtrahmen mit seinen vielfältigen Variationen hinsichtlich der Anordnung und dem Anschnitt von Fruchtholz sowie in jüngster Vergangenheit den beiden erwähnten Minimalschnittsystemen haben alle anderen heute im deutschen Weinbau anzutreffenden Erziehungsformen nur einen geringen oder allenfalls regional bedeutsamen Stellenwert. Daher wird im Folgenden nur kurz auf die Besonderheiten dieser Systeme eingegangen.

Abb. 95. Einzelpfahlerziehung an der Mosel im Steilhang vor dem Rebschnitt (links) und nach dem Biegen (rechts).

4.3.1 Einzelpfahlerziehung

Formen der Einzelpfahlerziehung ohne Draht-Unterstützungsvorrichtung sind insbesondere noch in Steillagen an Mosel, Ahr, Mittelrhein und Neckar anzutreffen (Abb. 95). Ein Teil der Triebe aus dem Bereich des Stammkopfes oder aus basalen Augen der vorjährigen Bogrebe, das potenzielle Zielholz, wird bei diesen Systemen an einem Pfahl angebunden und alle weiteren Triebe werden mangels geeigneter Unterstützungsvorrichtung relativ frühzeitig manuell gekappt. Je früher diese Maßnahme durchgeführt wird, desto größer ist der damit einhergehende ertragssteigernde Effekt (vgl. Kap. 2.2.3.2 und 2.5). In der Regel sind bei diesen Systemen trotz hoher Pflanzdichten relativ günstige Belichtungs- und Belüftungsbedingungen für die Trauben gegeben. Die mittleren Trieblängen, und damit auch das Blatt/Frucht-Verhältnis, sind hingegen –abgesehen von alten Anlagen mit sehr niedrigen Traubenerträgen pro Trieb- aufgrund der vielen stark eingekürzten Triebe oft unzureichend, so dass die Ausschöpfung des Mostgewichtspotenzials kaum möglich ist.

SCHEU, G. fällt 1950 in seinem für die Praktiker konzipierten Werk „Mein Winzerbuch“ aufgrund dieser Überlegungen wie auch als Resultat eigener Versuche ein vernichtendes Urteil: „Mit modernen Erziehungsarten (Anm.: Spalierdrahtrahmen mit gleichmäßig langen Trieben) könnten sie (Anm.: Winzer mit Pfahlerziehung) nicht nur die gleiche Erntemenge erzielen, sondern jedes Jahr ein ganz wesentlich höheres Durchschnittsmostgewicht erreichen“.

Sachlich zu rechtfertigen sind derartige Systeme allenfalls noch auf Standorten, auf denen die im Direktzug oder im Seilzug vorhandenen Mechanisierungsmöglichkeiten aufgrund der Geländegegebenheiten nicht praktikabel sind.

4.3.2 Weitraumanlagen

Seit Ende der 50er Jahre des letzten Jahrhunderts finden sich in Deutschland Drahtrahmenanlagen mit Gassenbreiten zwischen ca. 2,50 m und 3 m, die auch als Weitraumanlagen bezeichnet werden. Unter den strukturellen Bedingungen der damaligen Zeit (in einigen Regionen viele kleine Gemischtbetriebe, andernorts Ausweitung des Rebgeländes in Steillagenregionen auch in flachere Lagen) hatten diese Systeme durchaus eine Rechtfertigung, da Schlepper mit normaler Spurbreite und auch bestimmte aus der Landwirtschaft vorhandenen Geräte zum Einsatz kommen konnten. Damit war eine Teilmechanisierung ohne Investitionsbedarf bzw. eine Vermeidung unrentabler Investitionen möglich. Durch eine Ausweitung der Traubenzone in die Breite mittels Querjochen (Lenz-Moser-Erziehung) oder in der Höhe (Silvozerziehung) in Verbindung mit einer speziellen Fruchtholzformierung war es möglich, pro lfd. Meter Zeilenlänge mehr Augen unterzubringen, als dies mit normalen Flach- oder Halbbogen möglich ist. Somit ließen sich trotz geringerer Zeilenzahl hohe Flächenerträge erzielen.

4.3.2.1 Anlagen mit Querjoch (Lenz-Moser-Erziehung)

Nach dem österreichischen Erfinder dieses Systems wurden Anlagen mit breiten Gassen (Weitraumanlagen) und dreigeteilter Laubwand auch als Lenz-Moser-Anlagen bezeichnet. Das System existiert in verschiedenen Variationen. In Deutschland wurde im Wege der Ausbreitung dieses Systems (seit ca. Ende der 50 Jahre des 20. Jahrhunderts) zumeist mit Querjochen gearbeitet, die eine flexible Fruchtholzgestaltung und Ausweitung und damit auch Auflockerung der Traubenzone in die Breite ermöglichen.

Abb. 96. Fruchtholzgestaltung in Lenz-Moser-Anlage mit Querjoch – mehrere kurze Bogreben auf beiden Seiten eines Kordonarmes sind eine von mehreren Möglichkeiten.

Kennzeichnend für dieses System ist die erwähnte dreigeteilte Laubwand, die, richtig praktiziert, trotz des hohen Anschnitts pro laufenden Meter ein ausreichendes Blatt/Frucht-Verhältnis und eine akzeptable Belichtungs- und Belüftungssituation der Trauben gewährleistet. Dabei wurden verschiedene Möglichkeiten der Bogrebenformierung (z. B. Hohlkronenerziehung, Winkelrutenerziehung) praktiziert.

Die Triebe im zentralen Bereich des Stockes werden manuell aufrecht geheftet, während die Triebe an der seitlichen Peripherie sich selbst überlassen werden, in der Folge eine zunehmend hängende Trieborientierung einnehmen und erst knapp über dem Boden abgeschnitten werden (Abb. 97). Werden die seitlichen Triebe zu früh geschnitten, unterbleibt die erwünschte seitlich hängende Trieborientierung, es kommt zu einer vorzeitigen Geiztriebbildung und dadurch zu einer Verdichtung der Traubenzone.

Der „Tod“ dieses Systems wurde spätestens mit der Ausbreitung des Vollernters im deutschen Weinbau eingeläutet. Die Querjoche lassen den Einsatz dieser Maschinen nicht zu. Auch für eine Reihe anderer, heute praxisüblicher Anbaugeräte am Schmalspurschlepper ergeben sich keine bzw. nur eingeschränkte oder erschwerte Einsatzmöglichkeiten (Laubschneider, Unterstockpflegegeräte). Auch dies sind Gründe, warum, abgesehen von nur noch ganz wenigen alten Anlagen, dieses Erziehungssystem der Vergangenheit angehört.

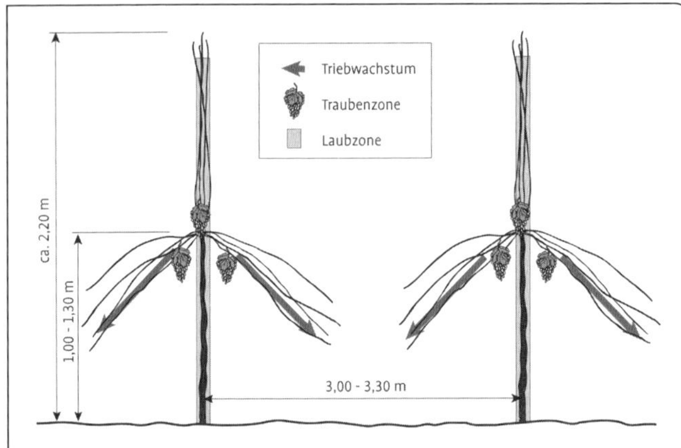

Abb. 97. Prinzip der dreigeteilten Laubwand in Lenz-Moser-Anlage, hier ohne Querjoch.

4.3.2.2 Silvozerziehung

Während bei Anlagen mit Querjoch die Traubenzone horizontal verbreitert wird, um pro lfd. Meter mehr Trauben ohne drohende Verdichtung unterbringen zu können, wird bei der Silvozerziehung die Traubenzone in der Höhe ausgedehnt. Von einem auf ca. 1,2 m Höhe befindlichen Kordonarm werde mehrere ca. 50 cm lange Bogreben auf einen Unterbiegdraht gezogen. Das System würde, verglichen mit den Weitraumformen mit Querjoch, zwar etwas weniger mit den Anforderungen moderner Mechanisierungssysteme kollidieren, ist aber dennoch schwer zu rechtfertigen:

- Sowohl der Rebschnitt wie auch das Biegen gestalten sich als schwierig. In der Praxis weichen die Stöcke nach wenigen Jahren vom Idealbild mehr oder weniger stark ab.
- Lediglich die Triebe, die dem oberen Bereich der Bogrebe entstammen, lassen sich zwischen die Heftdrähte einschlaufen. Alle anderen Triebe ragen seitlich in die Gasse und werden eingekürzt. Dies begünstigt die Ertragsbildung und den Kompaktheitsgrad der Trauben und erhöht die Wahrscheinlichkeit eines unzureichenden Blatt/Frucht-Verhältnisses. In verminderter Form stellt sich diese Problematik auch in Spalierdrahtrahmenanlagen mit Pendelbogenerziehung (hohe Biegdrahtabstände über ca. 40 cm), wo sich die Triebe am Ende der Bogrebe auch nicht mehr in den Drahtrahmen einschlaufen lassen.

Abb. 98. Fruchtholzanordnung in einer Silvozanlage.

Abb. 99. Guter Rebschnitt bei Umkehrerziehung.

4.3.3 Umkehrerziehung

Seit den 60er Jahren des letzten Jahrhunderts ist in Deutschland die Umkehrerziehung anzutreffen. Dieses System hat angeblich in der Steiermark seine Wurzeln.

Auf einem hoch fixierten waagerechten Kordonarm (ca. 1,6 bis 1,7 m) werden seitwärts in die Gasse gerichtete ca. 30 cm lange Strecker angeschnitten (Abb. 99). Aufgrund der fehlenden Unterstützungsvorrichtung zieht das Gewicht der sich bildenden grünen Triebe diese Strecker mit zunehmender Triebentwicklung allmählich nach unten. Dies führt dazu, dass insbesondere die Triebe, die aus dem mittleren und apikalen Bereich der Fruchtruten kommen, nach recht kurzer Zeit ebenfalls eine hängende Orientierung einnehmen.

Im Endeffekt ergibt sich eine großvolumige Laubwandstruktur, die aber in sich vergleichsweise locker ist und den Trauben

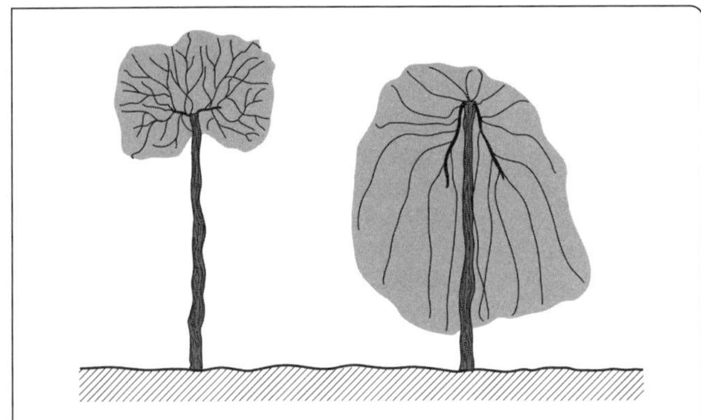

Abb. 100. Anzustrebende (rechts) und ungünstige Laubwandstruktur (links) bei Umkehrerziehung.

passable Belichtungs- und Belüftungsverhältnisse bietet (Abb. 101).

Voraussetzung für die beschriebene Laubstruktur ist ein sachgerechter Rebschnitt (Abb. 99), der in der Praxis oft nicht gewährleistet ist. Anstelle einiger weniger längerer Strecker werden oft kurze Zapfen angeschnitten, die aber dadurch starr sind, so dass es zunächst nicht zu der abwärts gerichteten Trieborientierung kommt. Die Triebe wachsen dann lange Zeit nach oben und werden zum überwiegenden Teil auf die stärker windabwärts gerichtete Seite der Zeile gedrückt. Dadurch wird die Wahrscheinlichkeit des Windbruchs und einer auf beiden Seiten sehr ungleichmäßigen Triebverteilung begünstigt. In der Praxis versuchen die Winzer dann, mit einem frühzeitigen Laubschnitt beiden Problemen vorzubeugen. Dies begünstigt aber wiederum die Geiztriebbildung im Stockinneren und verschlechtert die Belichtungs- und Belüftungsverhältnisse für die Trauben. Es bildet sich eine kompakte dichte Laubstruktur (Abb. 100 links) anstelle einer großvolumigen lockeren Laubstruktur.

Richtig ist es hingegen – ein sachgerechter Rebschnitt mit längeren Streckern vorausgesetzt – mit dem Laubschnitt relativ lange zu warten, um auf diese Weise eine auf beiden Seiten hängende Trieborientierung herbeizuführen (Abb. 100 rechts). Die anzustrebende gleichmäßig beidseitig hängende Trieborientierung kann durch ein manuelles Ordnen der Triebe verbessert werden.

Damit ist nicht nur ein ausreichend großes Blatt/Frucht-Verhältnis gewährleistet, sondern auch die frühzeitige unerwünschte Geiztriebbildung wird deutlich vermindert. Die seitlich nach unten hängenden Triebe werden relativ spät ca. 30 bis 50 cm über dem Boden abgeschnitten. Dafür kann durchaus ein modifizierter Laubschneider mit winkelverstellbarem Unterschnittmesser eingesetzt werden. Mit Einschränkungen ist auch der Einsatz des Vollernters möglich.

Die Fortschritte in der Mechanisierung des Spalierdrahtrahmens haben die Attraktivität dieses an sich relativ arbeitssparenden Systems weitestgehend eliminiert. In der Praxis sind zudem oft die erwähnten Bewirtschaftungsfehler zu beobachten, die eine Reihe von Problemen nach sich ziehen. Es sind nur noch wenige Betriebe im deutschen Weinbau, die dieses System weiter verfolgen.

Abb. 101. Günstige, luftige Laubstruktur mit ausreichendem BFV bei Schwarzriesling.

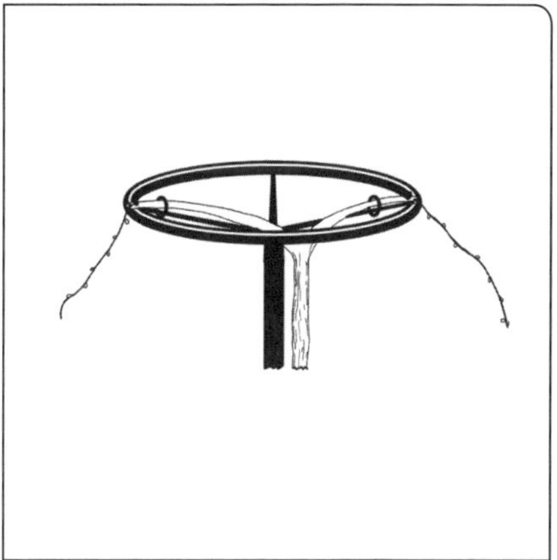

Abb. 102. Trierer Rad-Erziehung – schematischer Stockaufbau.

Einzelne Betriebe haben in den 90er Jahren auch eine besondere Variation der Umkehrerziehung praktiziert. Anstelle eines waagerechten Kordonarms, auf den Strecker angeschnitten werden, wurde jährlich auf einem ca. 1,6 bis 1,7 m hohen Biegdraht ein Flachbogen aufgelegt. Da die sich bildenden Triebe keine Unterstützung in Form von Heftdrähten haben, passiert in der Folge genau das, was bei einer normalen Flachbogenerziehung äußerst unerwünscht ist: der Bogen dreht sich mitsamt seinen Trieben, so dass die Triebe eine hängende Orientierung einnehmen.
Seit Mitte der 80er Jahre existiert noch eine weitere Abwandlung des Systems in Form der Trierer-Rad-Erziehung, die in einigen Steillagenbetrieben an Mosel, Ahr und Mittelrhein praktiziert wurde (Abb. 102 und Abb. 103). Man könnte dieses System auch als Einzelstock-Umkehrerziehung bezeichnen. Die Ausführungen zum Rebschnitt bzw. Laubmanagement sind weitestgehend auf dieses System übertragbar. Eine Reihe praktischer Probleme in der Bewirtschaftung (z. B. ungleichmäßige Triebverteilung, schwierige Formerhaltung, umgedrückte Unterstützungspfähle) haben dazu geführt, dass auch dieses System keine Ausbreitung gefunden hat.

Abb. 103. Trierer Rad-Erziehung nach dem Rebschnitt (links) und im belaubten Zustand (rechts).

4.3.4 Vertikoerziehung

Ebenfalls Mitte der 80er Jahre hat die Vertikoerziehung (Vertiko = vertikaler Kordon), ausgehend von der damaligen Tschechoslowakei, ihren Einzug im deutschen Weinbau gehalten. Dieses System wurde seinerzeit insbesondere an der Mosel von vielen Winzern als arbeitssparende Form der Einzelstockerziehung und Alternative zur Pfahlerziehung mit Rundbogen betrachtet. In der Regel wurden die Anlagen nicht neu erstellt, sondern vorhandene Anlagen mit Einzelpfahlerziehung wurden auf Vertiko umgestellt.

Eine nennenswerte Ausbreitung hat dabei lediglich die Vertikoerziehung nach Kraus (zweiäugige Zapfen auf vertikalem Kordonarm) gefunden, während die Vertikoerziehung nach Cargnello (Strecker auf vertikalem Kordonarm) über das Stadium einiger Versuchsanlagen nicht hinausgekommen ist.

Abb. 104. Geschnittener Rebstock in Vertikoerziehung im 15. Standjahr.

Bei dem erstgenannten System wird ab einem Bodenabstand von ca. 60 bis 80 cm ein ca. 1 m langer vertikaler Kordonarm gezogen, auf dem relativ gleichmäßig verteilt zweiäugige Zapfen angeschnitten werden (Abb. 104). Der arbeitswirtschaftliche Vorteil dieses Systems besteht darin, dass Biegearbeiten nicht erforderlich sind und im Sommer auch ein Verzicht auf jegliche Form von Heftarbeiten möglich ist. Die einzigen Laubbehandlungsmaßnahmen bestehen in einem 2 bis 3-maligen Laubschnitt. Auch bei manueller Erledigung dieser Arbeit mit Messer, Sichel oder auch Schere war, verglichen mit der bis dahin üblichen Einzelpfahlerziehung, eine beträchtliche Arbeitszeiteinsparung möglich.

Wird das System als echte Einzelpfahlerziehung mit der Möglichkeit des Quergehens praktiziert, sind die rundum nach außen ragenden Triebe mangels Unterstützungsvorrichtung einem hohen Windbruchrisiko ausgesetzt. Dies ist ein wesentlicher Grund, warum in der Praxis ein sehr früher erster Laubschnitt, i. d. R. bereits vor der Blüte, durchgeführt wird. Alle Triebe werden auf eine Länge von ca. 50–70 cm gekappt. Dies begünstigt eine frühzeitige Geiztriebbildung, die nicht nur zur Verdichtung des Stockinneren beiträgt und damit die Belichtung und Belüftungsverhältnisse für die Trauben verschlechtert, sondern auch zur Bildung einer vergleichsweise hohen Zahl von Geiztrauben führt. Problematisch ist auch der blütestabilisierende Effekt dieser Maßnahme, der die Bildung sehr kompakter, in hohem Maß botrytisgefährdeter Trauben begünstigt.

Auch in anderen Anbaugebieten haben einzelne Winzer auf direktzugfähigen Flä-

Abb. 105. Vertikoerziehung in Direktzulage nach dem Rebschnitt (links) nach dem Laubschnitt (rechts).

chen Anbauversuche mit diesem System durchgeführt. Dabei wurde der Stockabstand deutlich verringert und zur Verbesserung der Stabilität des Systems ein hoher Rankdraht eingezogen (Abb. 105 links). Bei den engeren Stockabständen verranken sich die Triebe benachbarter Stücke teilweise und es bildet sich eine durchgehende Laubwand heraus (Abb. 105 rechts). Damit ist das Risiko des Windbruchs deutlich verringert. Die zu weit in die Gasse hereinragenden Triebe können dann mit dem Laubschneider eingekürzt werden. Diese Variante wird zwar damit einigen Anforderungen des Direktzugweinbaus gerecht, verliert aber den für Steillagenwinzer sehr wichtigen Vorteil der Möglichkeit des Quergehens.

Unter geeigneten Rahmenbedingungen und unter Beachtung einer ganzen Reihe systemspezifischer Besonderheiten bei den Stockarbeiten war es mit diesem System durchaus möglich, dem Hauptziel Arbeitseinsparung gerecht zu werden, ohne größere Einbußen hinsichtlich des Ertrags und/oder der Traubenqualität in Kauf nehmen zu müssen. In der Praxis waren jedoch die Rahmenbedingungen (zum Beispiel Gassenbreite in umgestellten Anlagen) in vielen Fällen oft nicht optimal oder Winzer begingen gravierende Bewirtschaftungsfehler (z. B. unsachgemäßer Rebschnitt), was zu einer Vielzahl von Problemen führte (z. B. Verkahlung des Stockes im unteren Stockbereich, starke Botrytisbefall der Trauben, Mostgewichtsminderung aufgrund eines unzureichenden Blatt/Frucht-Verhältnisses, im Laufe der Jahre zunehmend unübersichtlicher werdender Stockaufbau).

All dies führte dazu, dass die anfängliche Euphorie relativ schnell wieder erlahmte. Der überwiegende Teil der seinerzeit auf Vertiko umgestellten Anlagen ist zwischenzeitlich gerodet. Dies ändert aber nichts daran, dass dieses System bei richtiger Durchführung und unter geeigneten Rahmenbedingungen auch heute eine durchaus erwägenswerte Alternative für schlecht mechanisierbare Steillagen darstellt.

4.3.5 Lyra-Erziehung

In Kap. 2.7 wurde die Problematik der laubwandinternen Beschattung erörtert. Im Spalierdrahtrahmen sollte die Triebdichte aus den dort dargelegten Gründen einen Wert von max. 15 Trieben pro lfd. Meter Zeile nach Möglichkeit nicht überschreiten.

Die Triebdichte ist im Wesentlichen das Resultat der pro lfd. Meter angeschnittenen Augenzahl, wobei die Austriebsrate, die wuchskraft- und sortenabhängige Neigung zur Bildung von Doppeltrieben und Wasserschossen sowie die Ausbrecharbeiten selbstverständlich ebenfalls einen Einfluss haben.

Die nachfolgende Formel macht verständlich, dass die Wahrscheinlichkeit einer zu großen Triebdichte zunimmt, wenn das Anschnittniveau (Zielertrag) oder die Gassenbreiten ansteigen.

Anschnittniveau (Augen/m²) × Gassenbreite (m) = Augenzahl pro lfd. Meter
Beispiel: 6 Augen/m² × 2 m = 12 Augen pro lfd. Meter

Bei der Lyra-Erziehung werden die Triebe eines Rebstocks auf 2 Laubwände aufgeteilt, die ähnlich einer Lyra eine (in Zeilenrichtung betrachtet) V-förmige Struktur einnehmen (Abb. 106). Damit lässt sich die Triebdichte reduzieren und die Belichtungs- und Belüftungssituation verbessern.

Das System wurde in den 70er Jahren von A. Carbonneau an der INRA (Institut National de la Recherche Agronomique) in Bordeaux entwickelt. Carbonneau et al. (1978) entwickelten zur Bewertung der lichtexponierten Blattfläche einen Index basierend auf der Vegetationsform, den Laubwandwinkeln, der Laubwandhöhe und -breite und der Zeilenbreite. Dieser Index, der „surface foliaire exposée" (SFE) genannt wurde und sich ursprünglich auf direkte Belichtungsmessungen stützte, diente zur Entwicklung des Belichtungspotentials verschiedener Rebenerziehungssysteme. Dabei zeigt die Lyra-Erziehung gegenüber einem normalen Spalierdrahtrahmen um ca. 20 % bessere Werte (Schultz, R., 1997).

Abb. 106. V-förmige Aufspaltung der Laubwand bei der Lyra-Erziehung.

Die zweigeteilte Laubwand nimmt natürlich in der Breite mehr Raum ein, als eine praxisübliche Laubwand im Spalierdrahtrahmen, die man im geschnittenen Zustand mit ca. 40 cm Breite kalkulieren darf. Das nachfolgende Beispiel macht deutlich, dass bei identischem Anschnittniveau und bei Berücksichtigung einer deutlich größeren notwendigen Gassenbreite sich für die Triebdichte bei der Lyra-Erziehung günstigere Werte ergeben:

- Spalierdrahtrahmen: 8 Augen/m² × 2 m Gassenbreite = 16 Augen/lfd. Meter
- Lyra-Erziehung: 8 Augen/m² × 3 m Gassenbreite = 24 Augen/lfd. Meter (verteilt auf 2 Laubwände)

Pro Laubwand ergeben sich in dem Beispiel bei der Lyra unproblematische 12 Augen/lfd. Meter, während im konventionellen System eine kritische Triebdichte zu erwarten wäre.

Ungeachtet der aus pflanzenphysiologischer Sicht interessanten Überlegungen und positiver Versuchsergebnisse hat sich das System in Deutschland nicht etablieren können. Dabei spielen neben der fehlenden Vollerntertauglichkeit auch die arbeitswirtschaftlichen Erschwernisse beim Heften und beim Laubschnitt sicherlich eine entscheidende Rolle.

4.3.6 Scott-Henry-Erziehung

Ähnliche Überlegungen wie bei der Lyra-Erziehung spielen auch bei der Scott-Henry-Erziehung eine zentrale Rolle. Namensgeber für dieses System ist der Winzer S. Henry, der in den frühen 70er Jahren in Oregon dieses System erdacht und realisiert hat. Auch mit diesem System lässt sich die Triebdichte wesentlich verringern. Allerdings wird die Realisierung dieses Ziels auf einem anderen Weg erreicht.

Abb. 107. Scott-Henry Erziehung.

Flachbogen werden auf 2 verschiedenen Höhen übereinander gebogen. Die Triebe des oberen Flachbogens werden ganz normal nach oben geheftet, während die Triebe des unteren Flachbogens nach unten (!) geheftet werden (Abb. 107). Es entsteht eine zweigeteilte insgesamt sehr hohe Laubwand, die von Bodennähe bis auf ca. 2,2 m Höhe reicht. Die beiden Traubenzonen sind bei konsequenter Umsetzung wesentlich besser belichtet und belüftet, als dies bei einem Übereinanderbiegen von Flachbogen auf einem Biegdraht oder bei überkreuzenden Halb- oder Pendelbogen der Fall wäre. Die laubwandinterne Beschattung bleibt gering.

Im Gegensatz zu einem normalen Spalierdrahtrahmen, wo eine direkte Besonnung unter dem unteren Biegdraht nutzlos ist, da sich dort i. d. R. keine Blätter und

Trauben befinden, ist hier eine häufigere bzw. länger andauernde Besonnung bis zum Boden erwünscht. Die Überlegungen in Kap. 2.7 und in Abb. 9 (gegenseitige Beschattung benachbarter Zeilen) machen daher eine Gassenbreite erforderlich, die, verglichen mit einem normalen Spalierdrahtrahmen, um den Betrag an Breite größer sein muss, der dem Mehr an Laubwandhöhe entspricht. Unterstellt man eine „normale" Laubwandhöhe von ca. 130 bis 150 cm im Spalierdrahtrahmen und 200 bis 220 cm bei Scott-Henry ist von ca. 80 cm mehr Gassenbreite, insgesamt ca. 2,8 bis 3 m auszugehen.

Die erforderliche Trieborientierung der unteren Laubwand konterkariert das natürlich Wachstumsverhalten der Triebe. Ca. 2 Wochen vor der Blüte werden die Triebe der unteren Bogrebe und der oberen Bogrebe manuell voneinander getrennt und die Triebe der oberen Bogrebe werden wie im normalen Drahtrahmen geheftet. Kurz nach der Blüte werden die unteren Triebe nach unten geheftet. Entscheidend ist, dass diese Triebe eine ausreichende Länge haben und sich noch nicht festgerankt haben. Deshalb sollte beim ersten Trennen der beiden Laubwände der Heftdraht für die untere Station auf den Trieben abgelegt werden. So wird erreicht, dass die Triebe nach außen gedrückt werden und das Ineinanderwachsen wird erschwert. Die Fruchtruten müssen locker am unteren Biegdraht befestigt werden und dürfen nicht gewickelt werden, damit sie sich mitdrehen können und die Triebe nicht abbrechen oder knicken (Deppich, C. et al; 2007).

Auch dieses System ist im deutschen Weinbau über einige Anbauversuche nicht hinausgekommen, obwohl die Mechanisierungserschwernisse geringer sind als bei der Lyra-Erziehung. Werden die nach unten ragenden Triebe vor der Lese auf ca. 40 cm Höhe über dem Boden gekappt, dürfte auch eine Vollernterlese möglich sein.

Im Grunde genommen teilt das System das Schicksal vieler anderer aus physiologischer Sicht interessanter alternativer Erziehungssysteme. Um in der Praxis Akzeptanz zu finden, müssen bei allen alternativen Systemen die gleichen Forderungen erfüllt sein:

- Die Erziehung muss einfach und schematisch sein und die sachgerechte Erledigung der erforderlichen Arbeiten sollte auch ohne größere pflanzenbauliche Fachkenntnisse möglich sein
- Bewirtschaftungsfehler müssen ohne allzu große Probleme reparabel sein.
- Gängige Mechanisierungssysteme müssen einsetzbar und „Spezialtechnik" muss verzichtbar sein.
- Der Arbeitsaufwand darf zumindest nicht wesentlich höher sein als beim Spalierdrahtrahmen.

Service

Bildquellen

Titelbild: Christian Scholtes, Weingut Scholtes/ Minheim

Alle anderen Fotos stammen, wenn nicht anders vermerkt, von den Autoren.

Die Zeichnungen 1, 3, 6, 8, 9, 37, und 38 fertigte Doris Preuninger, Ilsfeld-Schozach

Alle anderen Zeichnungen fertigte Artur Piestricow, Stuttgart, nach Vorlagen der Autoren.

Literaturverzeichnis

Becker, A. (2006): Minimalschnitt: keine Schlamperei. Der Deutsche Weinbau, Heft 22, S. 14–17

Becker, A. (2007): Minimalschnitt – Wildwuchs mit System. Das Deutsche Weinmagazin, Heft 25, S. 10–17

Becker, A. (2008): Erster Laubschnitt: mit Zeiten oder bei Zeiten? Der Deutsche Weinbau, Heft 12, S. 50

Becker, A. (2008): Erster Laubschnittzeitpunkt – das ist der Gipfel. Das Deutsche Weinmagazin, Heft 12, S. 16–20

Becker, A. (2009): Den ersten Laubschnitt taktisch terminieren. Der Deutsche Weinbau, Heft 9, S. 30–33

Becker, A. (2009): Naturwuchs mit System. Die Winzer-Zeitschrift, Heft, S. 28–31

Becker, A. (2009): Naturwuchs mit System: Minimalschnitterziehung. Der Deutsche Weinbau, Heft 1, S. 16–19

Becker, A. (2010): Minimalschnitt/Naturwuchs Teil 1 – gut durch die wilden Jahre. Das Deutsche Weinmagazin, Heft 11, S. 27–29

Bettner, W., Ito, M (1987): Einfluss des Zeitpunktes des Gipfelns auf die vegetative und generative Leistung der Rebe. Deutsches Weinbaujahrbuch, S. 87–100

Breuer, M. (2008): Was tun Ohrwürmer in den Trauben? Der Badische Winzer, Heft 6

Bürger, V. et al. (2008): Laubwandgestaltung – Folgen der Entblätterung. Das Deutsche Weinmagazin, Heft 10, S. 24–27

Deppich, C. et al. (2007): Scott-Henry – Eine Alternative zur Spaliererziehung? Deutsches Weinbau-Jahrbuch

Desbaillet. C (1997): Effeuillage mecanique de la Vigne en Suisse. Stage de Formation et de perfectionnement en Viticulture. Colmar. 23.1.1997. 5. 13.

Fox, et al. (2008): Licht oder Schatten? Aspekte zu Entblätterung. Der Deutsche Weinbau, Heft 10, S. 28–31

Fox, R. (2000): Auslichtung der Traubenzone – Ergebnisse aus Versuchen. Rebe & Wein, Heft 6

Fox, R. (2004): Tipps zur Erzeugung von Top-Rieslingen. Der Deutsche Weinbau, Heft 9

Fox, R. (2006): Entblätterungstipps für Riesling und Burgunder. Der Deutsche Weinbau, Heft 10, S. 12–15

Fox, R. (2007): Gut belichtet gewinnt. Das Deutsche Weinmagazin, Heft 12,, S. 13–15

Fox, R. (2009): Entblätterung: im Sinne der (Rot-) Weinqualität. Der Deutsche Weinbau, Heft 11, S. 16–20

Fox, R. (2009): Klimawandel und Minimalschnitt – passt das zusammen? Das deutsche Weinmagazin, Heft 20, S. 27–30

Fox, R., Steinbrenner, P. (2007): Ergebnisse zur Minimalschnitterziehung – eine Zwischenbilanz. Das deutsche Weinmagazin, Heft 7/8, S. 70–76

Fox, R., Steinbrenner, P. (2010): Entblätterung hält gesund. Das Deutsche Weinmagazin, Heft 12, S. 16–20

Götz, G. (2002): Menge und Güte schon beim Ausbrechen steuern – ein kalkulierbares Risiko? Das Deutsche Weinmagazin, Heft 9, S. 32–34

Götz, G. (2006): Tipps zum Ausbrechen und Bürsten. Der Deutsche Weinbau, Heft 11, S. 12–13

Götz, G. (2007): Stammtriebe optimal entfernen. Landwirtschaftliches Wochenblatt, Heft 18, S. 11–14

Götz, G. (2010): Heften in modernen Rebanlagen – 1. Teil. Die Winzer-Zeitschrift, Heft 5, S. 33–35

Götz, G. (2010): Heften mit Heftdrahtfedern & Co. Die Winzer-Zeitschrift, Heft 6, S. 40–43

Götz, G. (2010): Verbesserungspotenzial beim Heften nutzen. Der Deutsche Weinbau, Heft 8, S. 12–15

Götz, G. (2010): Verbesserungspotenzial beim Heften nutzen. Der Deutsche Weinbau, Heft 8, S. 12–15

Götz, G., Petgen, M. (2005): weniger Triebe – bessere Weinqualitäten? Die Winzer-Zeitschrift, Heft 5, S. 37–38

Götz, G., Petgen, M. (2011): Wie entfernt man Stocktriebe am besten? Der Deutsche Weinbau, Heft 9, S. 24–27

Henser, U. (2010): Bessere Anlagerung durch Teilentblätterung. Der Deutsche Weinbau, Heft 12, S. 34–35

Hill, G. (2012): Traubenfäule planmäßig bekämpfen. Das Deutsche Weinmagazin, Heft 14

Hillebrand, W. (1968): Laubwandhöhe und Traubenqualität. Deutsches Weinbaujahrbuch, S. 62–65

Hügelschäffer, P. (1990): Reaktionen der Reben (Vitis vinifera L.) cv. „Riesling" und „Müller-Thurgau" auf Sommerschnittbehandlungen – Fünfjährige Ergebnisse von drei Feldversuchen im Rheingau mit besonderer Berücksichtigung der Verteilung von Trockenmasse, Stärke, Glukose und Fruktose. Diss. Justus-Liebig-Universität Gießen

Ipach, R. (2007): Shark – Haifisch ohne Zähne. Das Deutsche Weinmagazin, Heft 7/8, Seite 24–28

Ito, M. (1982): Untersuchungen über den Einfluss von verschiedenen Gipfelterminen auf die vegetative und generative Leistung der Rebe unter besonderer Berücksichtigung der verschiedenen Reifephasen der Beere. Diplomarbeit Fachhochschule Geisenheim

Jörger, V. et al. (2008): Laubwandgestaltung – Folgen der Entblätterung. Das Deutsche Weinmagazin, Heft 10, S. 24–31

Jörger, V. et al. (2008): Mit der Laubwand Qualität und Reife steuern. Der Badische Winzer, Heft 5, S. 22–26

Jörger, V. et al. (2012): Heftsysteme – Vergleich technischer Entwicklungen. Der Deutsche Weinbau, Heft 9, S. 12–15

Jörger, V., Schreieck, P. (2011): Entblätterungsmaßnahmen – Auswirkung von Termin und Intensität. Das Deutsche Weinmagazin, Heft 10, S. 20–25

Kiefer, W. (1993): Einfluss der Laubarbeiten auf Mengenertrag und Qualität. Die Winzer-Zeitschrift, Heft 7, S. 21–22

Kiefer, W. et al. (1983): Ergebnisse und Erfahrungen zur Umkehrerziehung im deutschen Weinbau. Der Deutsche Weinbau, Heft 4, S. 161–166

Knewitz, H., Strub, O., Koch, H. (2008): Optimale Düsenwahl? Das Deutsche Weinmagazin, Heft 9, S. 18–20

Knewitz, H., Strub, O., Koch, H. (2011): Chemisches Ausbrechen: driftsichere Applikation. Der Deutsche Weinbau, Heft 8, Seite 28–31

Koblet, W. (1966): Fruchtansatz bei Reben in Abhängigkeit von Triebbehandlung und Klimafaktoren. Die Weinwissenschaft, S. 297–323

Koblet, W. (1989): Entblättern der Traubenzone und Leistung der Rebe. Deutsches Weinbau-Jahrbuch, S. 55–59

Koblet, W. (1995): Zeitpunkt des Auslaubens und der Geizenlänge auf die Leistung der Rebe. Deutsches Weinbaujahrbuch, S. 167–173

Mehofer, M. et al. (2013): Untersuchungen zum Einfluss der Laubwandhöhe auf Blattfläche und Reifeparameter der Rebsorten Grüner Veltliner und Zweigelt. Deutsches Weinbaujahrbuch, S. 64–68

Molitor, D. et al. (2011): Entblätterung der Traubenzone – der richtige Termin entscheidet! Das Deutsche Weinmagazin, Heft 11, S. 32–35

Molitor, M.: (2010): Minimalschnitt – Tipps zur Umstellung. Das Deutsche Weinmagazin, Heft 9, S. 18–19

Müller, E. (1996): Laubarbeiten und Laubwandgestaltung. Die Winzer-Zeitschrift, Heft 5, S. 22–26

Müller, E. (2000): Teilentblätterung – Möglichkeiten, Grenzen und Risiken. Das Deutsche Weinmagazin, Heft 11, S. 18–23

Müller, E. (2001): Zielorientierte Laubarbeiten und Laubwandgestaltung. Die Winzer-Zeitschrift. Heft 7 und Heft 8, S. 22–24 bzw. 24–25

Müller, E. (2003): Laubwandgestaltung und Laubarbeiten – keine Pflichtübung. Das Deutsche Weinmagazin, Heft 11, S. 18–23

Müller, E. (2003): Riesling-S – Teilentblätterung, Wuchskraft und Bestandsführung, Die Winzer-Zeitschrift, Heft 8, Seite 26–28

Müller, E. (2004): Die Laubarbeit als Instrument zur Steuerung der Traubenqualität, Teil 1 und Teil 2. Schweizerische Zeitschrift für Obst- und Weinbau, Heft 8 und 9, S. 11–14 bzw. 10–13

Müller, E. (2007): Steuerungsinstrument für Ertrag und Qualitätsfaktoren – Laubwandgestaltung und Laubarbeiten. Das Deutsche Weinmagazin, Heft 10, S. 10–15

Müller, E. (2010): Wuchskraft und Bestandsführung – auf Kurs bleiben. Das Deutsche Weinmagazin, Heft 7, S. 10–15

Müller, E. (2012): Schlüssel für viele Schlösser: physiologische Reife. Der Deutsche Weinbau, Heft 6, S. 32–36

Müller, E. (2012): Steuerung von Wuchskraft und Bestand. Der Deutsche Weinbau, Heft 5, S. 12–16

Müller, E., Walg, O., Lipps, H. Minus P. (2008): Der Winzer 1 – Weinbau. Ulmer Verlag, Stuttgart

Müller-Thurgau, H. (1898): Abhängigkeit und Ausbildung der Traubenbeeren und einigen anderen Früchten von der Entwicklung des Samens. Landwirtschaftliches Jahrbuch der Schweiz, S. 135–206

Ochßner, T. (2005): Genug Zeit für gute Laubarbeit. Das Deutsche Weinmagazin, Heft 11, S. 34–38

Ochßner, T. (2009): Kostengestaltung bei den Laubarbeiten. Der Badische Winzer, Heft 6, S. 30–34

Petgen, M. (2006): Alle Jahre wieder – Entblätterung im Weinberg. Der Deutsche Weinbau, Heft 10, S. 18–22

Petgen, M. (2006): Entblätterungsmaßnahmen im Weinberg – weniger Blätter, mehr Qualität? Das Deutsche Weinmagazin, Heft 11, S. 8–13

Petgen, M. (2007): Frühzeitige Triebkorrektur – der Weg zum Erfolg? Das Deutsche Weinmagazin, Heft 10, S. 28–30

Petgen, M. (2007): Möglichkeiten und Grenzen der Reifesteuerung – wie flexibel reagiert die Rebe? Das Deutsche Weinmagazin. Heft 7/8, S. 42–46

Petgen, M. (2010): Einflussgröße für Qualität: das Laubwandmanagement. Der Deutsche Weinbau, Heft 11, S. 34

Petgen, M. (2010): Entfernen von Stocktrieben – auf den Zeitpunkt kommt es an. Das Deutsche Weinmagazin, Heft 9, S. 10–13

Petgen, M. (2010): Neuerungen im Bereich Laubwandgestaltung. Der Deutsche Weinbau, Heft 9, S. 12–15

Petgen, M. (2010): Wie lässt sich der Zuckerertrag regulieren? Die Natur lenken. Das Deutsche Weinmagazin, Heft 5/6, S. 20–25

Petgen, M. et al. (2009): Teilentblätterung – manuell oder maschinell? Das Deutsche Weinmagazin, Heft 10, S. 16–21

Petgen, M. et al. (2004): Entblätterung – richtig und rechtzeitig entblättern. Tipps für die Praxis. Meininger Verlag GmbH, Neustadt/Weinstraße

Petgen, M., Götz, G. (2004): Entlaubungsgeräte: wohin geht der Trend? Der Deutsche Weinbau, Heft 15, S. 24–27

Petgen, M., Götz, G. (2004): Teilentblätterung 2003 – mehr Nutzen oder Schaden? Der Deutsche Weinbau, Heft 2, S. 28–32

Petgen, M., Götz, G. (2005): Entblätterung: immer wieder aktuell. Der deutsche Weinbau, Heft 11, S. 20–24

Prior, B. (2004): Ausbrechen in der Ertragsanlage. Das Deutsche Weinmagazin, Heft 9, S.9

Prior, B. (2006): frühe Entblätterung – bald eine Standardmaßnahme?. Das Deutsche Weinmagazin, Heft 11, S. 30–35

Prior, B. (2007): Bestandsführung an Klimawandel anpassen – was tun 2007? Das Deutsche Weinmagazin, Heft 10, S. 22–27

Prior, B. (2007): Durch frühe Entblätterung zu gesünderem Lesegut. Der Deutsche Weinbau, Heft 11, S. 22–23

Prior, B. (2008): frühe maschinelle Entblätterung der Traubenzone. Das Deutsche Weinmagazin, Heft 10, S. 10–15

Prior, B. (2010): Alkoholmanagement im Weinberg – Mostgewichtsreduzierung durch kürzere Laubwände? Das Deutsche Weinmagazin, Heft 10, S. 12–17

Prior, P. (2005): Ausbrechen als Grundlage der Qualitätserzeugung; Das Deutsche Weinmagazin, Heft 9, S. 8

Rebholz, F. (2008): Aktueller Stand der Entblätterungstechnik. Der Deutsche Weinbau, Heft 12, S. 32–37

Rede, H. et al. (1984): Untersuchungsergebnisse über den Einfluss von Laubbehandlungsmaßnahmen auf Traubenertrag, Traubenqualität und Krankheitszuständen in Hochkulturanlagen. Mitteilung Klosterneuburg, S. 185–193

Sack, C. et al. (2010): Einfluss von Entblätterung bei Riesling. Der Deutsche Weinbau, Heft 10, S. 12–15

Sauer, E. (2009): Laubschneider im Weinbau. Rebe & Wein, Heft 2, S. 13–15

Schöffling, H. (1967): Die richtige Laubwandhöhe beim Rebengipfeln. Rebe und Wein, Heft 7, S. 226–230

Schöffling, H. (1967): Schaden oder nützen Geiztriebe dem Rebstock? Rebe und Wein, Heft 5, S. 166–169

Schöffling, H. (1967): Untersuchungen zur Bestimmung der optimalen Laubwandhöhe beim Rebengipfeln. Schweizerische Zeitschrift für Obst- und Weinbau, S. 571–577 und 617–620

Schöffling, H., Faas, K.-H. (1972): Die Wirkung unterschiedlich starken Einkürzens (Kappens) bei Mosel-Pfahlerziehung in Graach (Mosel). Weinberg und Keller, Heft 19, S. 543–558

Schöffling, H., Faas, K.-H. (1973): Veränderungen der Ertragsleistungen durch unterschiedliche Geiztriebbehandlung. Weinberg und Keller, Nr 20, S. 119–136

Schreieck, P. (2009): Mit Shark die Stammtriebe entfernen. Der Badische Winzer, Heft 4, S. 24–25

Schreieck, P. et al. (2009): Laubwandgestaltung – zwischen Botrytisvermeidung, Stiellähmesteuerung und Weinqualität. Das Deutsche Weinmagazin, Heft 12, S. 18–22

Schultz, R. (1997): Die Lyra-Erziehung zur Qualitätsproduktion im Weinbau. Die Winzer-Zeitschrift, Heft 1, S. 20–22

Schultz, R. (1998): Entblätterung der Trauben – keine Muß-Maßnahme. Das Deutsche Weinmagazin, Heft 19

Schultz, R. (2001): Minimalschnitt, Teil 1 – eine Alternative zu bestehenden Produktionssystemen. Der Deutsche Weinbau, Heft 11, S. 30–34

Schultz, R. (2007): Sonnenbrand – was steckt dahinter? Das Deutsche Weinmagazin, Heft 16

Schultz, R. et al. (1999): Minimal- oder Nichtschnittsysteme – es funktioniert doch. Das Deutsche Weinmagazin, Heft 25, S. 6 und 20–30

Schultz, R., et al. (1999): Können Minimal- oder Nichtschnittsysteme in Deutschland erfolgreich sein? Der Deutsche Weinbau, Heft 25/26., S. 22–27

Schwab, A., Nüsslein, R. (2002): Minimalschnitterziehung – in Zukunft 65 Akh/ha. Das Deutsche Weinmagazin, Heft 25, S. 25–28

Stoll, M. et al. (2012): Laubwand – so viel wie nötig... Der Deutsche Weinbau, Heft 11, S. 22–24

Stoll, M., Schultz, R. (2010): Gibt es Möglichkeiten die Reife zu steuern? Der Deutsche Weinbau, Heft 13, S. 6 und 20–27

Strauß, M. (2004): Im Vergleich: Maschinen zu Entblätterung. Der deutsche Weinbau, Heft 16/17, S. 40–41

Strauß, M. (2005): Entblätterungstechnik im Vergleich. Der Deutsche Weinbau, Heft 14, S. 44–46 Stücklin, H. (1998): Der Einfluss der Laubwand auf die Rebenvitalität und die Weinqualität. Der Badische Winzer, Heft 5, S. 57–60 Stücklin, H. (2002): Qualitätssicherung durch Optimierung der Laubarbeit: Der Badische Winzer, Heft 5, S. 30–33

Walg, O. (2005): Qualitätsoptimierung durch maschinelle Entblätterung – weniger ist mehr. Das Deutsche Weinmagazin, Heft 11, S. 18–21

Walg, O. (2006): Entblätterungstechnik im Weinbau. KTBL-Arbeitsblatt Nr. 91

Walg, O. (2006): Qualitätsoptimierung durch maschinelle Entblätterung. Deutsches Weinbaujahrbuch

Walg, O. (2007): Chemisches Ausbrechen von Stammtrieben. Die Winzer-Zeitschrift, Heft 4, S. 48–50

Walg, O. (2007): Qualitätsoptimierung durch maschinelles Entlauben. Der deutsche Weinbau, Heft 10, S. 28–31

Walg, O. (2007): Taschenbuch der Weinbautechnik. Fachverlag Dr. Fraund GmbH

Walg, O. (2009): Heftsysteme im Weinbau – perfekter Halt. Das Deutsche Weinmagazin, Heft 10, S. 22–25

Walg, O. (2009): Maschinelle Möglichkeiten der Teilentblätterung. Der Deutsche Weinbau, Heft 4, S. 12–16

Walg, O. (2010): Minimalschnittsysteme (Teil 1 und Teil 2). Das deutsche Weinmagazin, Heft 11 und 12, S. 10–15 bzw. 10–13

Walg, O. (2011): Minimalschnitt im Spalier, Teil 1 – Erziehung mit Zukunft? Das Deutsche Weinmagazin, Heft 11, S. 10–14

Walg, O. (2011): Minimalschnitt im Spalier, Teil 2 – Erziehung mit Zukunft? Das Deutsche Weinmagazin, Heft 12, S. 12–17

Wallenstein, P. (1987): Der Einfluss der Laubwandhöhe und des Zeitpunktes des Einkürzens auf die generative und vegetative Leistung bei den Rebsorten Riesling und Müller-Thurgau. Dissertation Universität Gießen

Weinmann, E., Jörger, V. (2012): Entblätterung der Traubenzone – was bringt‘s? Das Deutsche Weinmagazin, Heft 10, S. 16–20

Weißenbach P., Ruffner, H. P. (2002): Auslauben – ein Widerspruch in sich? Schweizerische Zeitschrift für Obst- und Weinbau, Heft 15, S. 380–383

Zuberer, E. (2008): Mit Druckluft entblättern. Der Badische Winzer, Heft 5, S. 25–27

Register

Z

Die in diesem Buch enthaltenen Empfehlungen und Angaben sind vom Autor mit größter Sorgfalt zusammengestellt und geprüft worden. Eine Garantie für die Richtigkeit der Angaben kann aber nicht gegeben werden. Autor und Verlag übernehmen keinerlei Haftung für Schäden und Unfälle.

Bibliografische Information der Deutschen Nationalbibliothek
Die Deutsche Nationalbibliothek verzeichnet diese Publikation in der Deutschen Nationalbibliografie; detaillierte bibliografische Daten sind im Internet über http://dnb.d-nb.de abrufbar.

Wollgrasweg 41, 70599 Stuttgart (Hohenheim)
E-Mail: info@ulmer.de
Internet: www.ulmer.de
Lektorat: Werner Baumeister
Umschlagentwurf: Atelier Reichert, Stuttgart
Satz: pagina gmbH, Tübingen
Repro: TimeRay visualisierungen, Herrenberg
Druck und Bindung: Graphischer Großbetrieb Friedr. Pustet, Regensburg
Printed in Germany

ISBN 978-3-8001-7866-7